建筑工程测量

主　编　于晓伟　胡　凯
副主编　任　伟　郭　颖　刘　鸿
　　　　刘俊华
参　编　赵子斌

东南大学出版社
·南京·

内容简介

本书由课程导入和六个项目构成。项目一测量的基本知识和方法由地面点位的确定、水准测量、角度测量、距离测量和直线定向、测量误差基本知识和控制测量六个任务组成;项目二大比例尺地形图测绘由大比例尺地形图测绘和大比例尺地形图应用两个任务组成;项目三施工测量由施工测量的基本方法和工业与民用建筑施工测量两个任务组成;项目四特殊工程施工测量由管道工程的测量放线和筒仓结构施工测量两个任务组成;项目五建筑变形测量和竣工总平面图编绘由建筑变形测量和建筑竣工总平面图编绘两个任务组成;项目六全站仪及全球导航卫星系统(GNSS)由全站仪的使用和全球导航卫星系统(GNSS)两个任务组成。编写中既注重知识的逻辑性,又兼顾实践的独立性;参考最新测量规范,引入测量前沿技术。

本书可作为高职高专院校土建专业,如建筑工程技术、建筑工程管理、建筑工程设计、工程监理等专业的教材,也可供有关行业的技术人员和管理人员参考。

图书在版编目(CIP)数据

建筑工程测量 / 于晓伟,胡凯主编. —南京:东南大学
出版社,2014.8
ISBN 978-7-5641-5112-6

Ⅰ.①建⋯ Ⅱ.①于⋯②胡⋯ Ⅲ.①建筑测量−高等学
校−教材 Ⅳ.①TU198

中国版本图书馆 CIP 数据核字(2014)第 179010 号

建筑工程测量

出版发行:东南大学出版社
社　　址:南京市四牌楼 2 号　邮编:210096
出 版 人:江建中
责任编辑:史建农　戴坚敏
网　　址:http://www.seupress.com
电子邮箱:press@seupress.com
经　　销:全国各地新华书店
印　　刷:常州市武进第三印刷有限公司
开　　本:787mm×1092mm　1/16
印　　张:13.5
字　　数:346 千字
版　　次:2014 年 8 月第 1 版
印　　次:2014 年 8 月第 1 次印刷
书　　号:ISBN 978-7-5641-5112-6
印　　数:1—3000 册
定　　价:35.00 元

本社图书若有印装质量问题,请直接与营销部联系。电话:025 - 83791830

前　言

本教材是根据高等职业教育土建专业人才培养目标要求,结合建筑工程实践需要,参照国家最新的相关规范、标准编写而成的,突出了适用性、实践性、创新性的教材特色。

在教材内容的选取方面,本着知识"必需、适度、够用"的原则,在保留传统教学内容的同时,兼顾测量技术的发展,尽量采用简单、易懂的方法,介绍、阐述测量新设备、新技术,突出教学内容的针对性和实用性,努力将理论教学与实践教学融为一体,全面提高学生的实践操作技能。通过教学项目将理论知识和实践技能有机地结合,收集了大量资料,并借鉴了同类教材的相关内容,按照高职高专土建类相关专业人才培养要求而编写。

本书由周口职业技术学院于晓伟、长江工程职业技术学院胡凯担任主编,开封大学任伟、大连职业技术学院郭颖、周口职业技术学院刘鸿、开封大学刘俊华担任副主编,安阳职业技术学院赵子斌参与了编写。全书由于晓伟统稿。具体编写分工如下:于晓伟编写了课程导入和项目二;胡凯编写了项目一的任务1和项目四;任伟编写了项目一的任务5、任务6和项目六的任务1;郭颖编写了项目五和项目六的任务2;刘鸿编写了项目一的任务3、任务4;刘俊华编写了项目三;赵子斌编写了项目一的任务2。本教材编写过程中,参考了大量相关教材和资料,在此向这些作者一并表示感谢!

由于编者水平有限,书中难免存在错误或遗漏,恳请专家、同仁和读者批评指正。

编　者

2014 年 7 月

目　录

课 程 导 入

1）测量学简介

测量学是研究地球空间信息的科学。具体地讲，它是一门研究如何确定地球形状和大小及测定地面、地下和空间各种物体的几何形态和数据等信息的科学。

测量学的内容主要包括测绘和测设两个方面。测绘是通过各种测绘理论和测绘仪器，把地球表面的形状和大小缩绘成各种比例的地形图，并得到各种相应的空间数字信息，提供给国防工程和国民经济建设的规划、设计、施工、管理及科学研究使用。测设是指利用各种技术和测绘仪器把图纸上的建筑物、构筑物的位置在实地标定出来，作为施工的依据。

其主要任务为：①精确测定地面点的平面位置和高程，并确定地球的形状和大小；②对地球表面和外层空间的各种自然和人造物体的几何、物理和人文信息数据及其时间变化进行采集、量测、存储、分析、显示、管理和利用；③进行经济建设和国防建设所需要的测绘工作，以推动生产及科技的发展。

测量学又是测绘科学技术的总称，它所涉及的技术领域，按照研究范围及测量手段的不同，分为如下分支科学。

大地测量学　大地测量学是研究和确定地球形状、大小、重力场、整体与局部运动和地表面点的几何位置以及它们的变化理论和技术的学科。其基本任务是建立国家大地控制网，测定地球的形状、大小和重力场，为地形测图和各种工程测量提供基础数据；为空间科学、军事科学及研究地壳变形、地震预报等提供重要资料。按照测量手段的不同，大地测量学又分为常规大地测量学、卫星大地测量学、物理大地测量学等。

地形测量学　地形测量学是研究如何将地球表面局部区域内的地物、地貌及其他有关信息测绘成地形图的理论、方法和技术的学科。按成图方式的不同，地形测图可分为模拟化测图和数字化测图。把地球表面的各种自然形态，如地貌、森林植被、土壤和水系等，以及人类社会活动，依一定比例，用规定的符号，相似地缩绘到平面图上，这种图形叫地形图。地形图作为规划设计和工程施工建设的基本图件，在国民经济和国防建设中起着非常重要的作用。地形测量学是测量学的基础。

摄影测量学　摄影测量学是利用航空或航天器、陆地摄影仪等对地面摄影或遥感，以获得地物和地貌的影像和光谱，然后再对这些信息进行处理、测量、判释和研究，以确定被测物体的形状、大小和位置，并判断其性质、属性、名称、质量、数量等，从而绘制成地形图的基本理论和方法的一门科学。摄影测量主要用于测制地形图，它的原理和基本技术也适用于非地形测量。自从有了影像的数字化技术，被测对象非常广泛，如固体、液体、气体；不分大小物体、瞬间的、缓慢的、只要能够被摄得影像，就可以使用摄影测量的方法进行测量。

这些特性使摄影测量方法得到广泛的应用，用摄影测量的手段成图是当今大面积地形图测绘的主要方法。目前,1∶50 000 至 1∶10 000 的国家基本图主要就是用摄影的方法完成的。摄影测量发展很快,特别是与现代化遥感技术配合使用的光源可以是可见光或近红外光,其运载工具可以是飞机、卫星、宇宙飞船及其他飞行器。因此,摄影测量与遥感已成为非常活跃和富有生命力的一门独立学科。

工程测量学 工程测量学是研究各项工程在规划设计、施工建设和运营管理阶段所进行的各种测量工作的理论、方法和技术的一门应用性学科。它是测绘学在国民经济和国防建设中的直接应用。按工程建设进行的程序,工程测量在各阶段的主要任务有:在规划设计阶段所进行的测量工作,是将图上设计好的建筑物标定到实地,确保其形状、大小、位置和相互关系正确,称为放样;在施工阶段进行的各种施工测量,是在实地准确地标定出建筑物各部分的平面和高程位置,作为施工和安装的依据,以确保工程质量和安全生产;工程竣工后,要将建筑物测绘成竣工平面图,作为质量验收和日后维修的依据,称为竣工测量;对于大型工程,如高层建筑物、水坝等,工程竣工后,为监视工程的运行状况,确保安全,需进行周期性的重复观察,即为变形观测。工程质量服务的领域非常广泛,如军事建筑、工业与民用建筑、道路修筑、水利枢纽建筑等。工程测量按其建设的对象又分为城市测量、铁路工程测量、公路工程测量、水利测量、地籍测量、建筑测量、工业厂区施工安装测量。

矿山测量学 矿石测量学是采矿科学的一个分支,也是采矿科学的重要组成部分。它是综合运用测量、地质及采矿等多种学科的知识,来研究和处理矿山、地质勘探和采矿过程中由矿体到围岩、从井下到地面在静态和动态条件下的工作空间几何问题,以确保矿产资源合理开发、安全生产和矿区生态环境整治的一门学科。矿山测量学的主要任务有:建立矿区地面控制网和测绘 1∶500～1∶5 000 的地形图和矿图;进行矿区地面与井下各种工程的施工测量和竣工验收测量;测绘和编制各种采掘工程图及矿体几何图;进行岩层与地表移动的观测及研究;为留设保护矿柱和安全开采提供资料;参加采矿计划的编制,并对资源利用及生产情况进行检查和监督。

制图学 制图学是以地图信息传输为中心,探讨地图及其制作的理论、工艺技术和使用方法的一门综合性学科。它主要研究用地图图形反映自然界和人类社会各种现象的空间分布、相互联系及其动态变化,具有区域学科和技术性学科的两重性,所以也称地图学。其主要内容包括地图编制学、地图投影学、地图整饰和制印技术等。现代地图制图还包括用空间遥感技术获取地球、月球等星球的信息,编绘各种地图、天体以及三维地图模型和制图自动化技术等。

海洋测量学 海洋测量学是研究测绘海岸、水体表面及海底、河底自然与人工形态及其变化状况的理论、技术和方法的学科。属于海洋测绘学的范畴。

以上几门分支学科既自成体系,又密切联系,互相配合。

2)建筑工程测量的作用及任务

建筑工程测量是测量学的一个组成部分。它是研究建筑工程在勘测设计、施工和运营管理阶段所进行的各种测量工作的理论、技术和方法的学科。它的主要任务是:测绘大比例尺地形图;建筑物的施工测量;建筑物的变形观测。

进入 21 世纪,科学技术突飞猛进,经济快速发展,测绘越来越得到普遍重视,其应用的领域也在不断扩大。在国民经济建设中,测量技术的应用越来越广泛。例如,在道路建设中,为了确定一条经济、合理的路线,事先必须进行该地段的测量工作,测绘成地形图,再在地形图上进行线路设计,而后把设计的路线标定在地面上,以便施工;当路线跨越河流时,必须建造桥梁,在建桥之前,要绘制河流两岸的地形图,为桥梁的设计提供重要的图纸资料,最后将设计的桥墩位置用测量的方法在实地标定出来;城市规划、给排水、煤气管道等市政工程的建设,工业厂房和高层建筑的建造,在设计阶段都要测绘各种比例尺的地形图,供工程建设设计使用;在施工阶段,要将设计的平面位置和高程在实地标定出来,作为施工的依据;工程完工后,还要做变形观测,以确保建筑物安全使用。在房地产开发、管理和经营中,房地产测绘同样起着重要的作用。地籍图为房地产的管理提供了权属界址、每宗地的位置、界限和面积,经国土资源管理部门确认后产生法律效力,可以保护土地使用权人和房屋所有权人的合法权益,并为国家对房地产的合理税收提供依据。具体来说,测绘学在国民经济建设和国防建设中的主要作用可以归纳以下几点。

(1)提供地球表面一定空间内点的坐标、高程和地球表面点的重力值,为地形图测绘和地球科学研究提供基础资料。

(2)提供各种比例尺地形图和地图,作为规划设计、工程施工和编制各种专用地图的基础图件。

(3)为地理信息系统的建立获得基础数据和图纸资料,以提供经济建设的决策参考。

(4)准确测绘国家陆地海洋边界和行政区划界线,以保证国家领土完整。

(5)为地震预测预报、海底和江河资源勘测、灾情和环境的检测调查、人造卫星发射、宇宙航行技术等提供测量保障。

(6)为现代化国防建设和国家安全提供测绘保障。

测量工作贯穿于工程建设的整个过程,测量工作的质量直接关系到工程建设的速度和质量,每一位从事工程建设的人员,都必须掌握必要的测量知识和技能。

本课程具有理论严密、技术先进、实践性强的特点。通过本课程的学习,学生应掌握测量基本理论、技术原理和方法,能够将测绘知识技能和建筑工程实践有机地结合起来;同时,学生还要逐步培养团队合作精神、严肃认真的工作态度和吃苦耐劳的良好品德。

项目一

测量的基本知识和方法

任务 1　地面点位的确定

学习目标

- 熟知测量基准面和基准线的知识；
- 熟知地面点的坐标和高程表示方法的相关知识；
- 具备建立高斯平面直角坐标系的技能；
- 具备建立独立平面直角坐标系的技能；
- 了解用水平面代替基准面所产生的相关影响的知识。

任务内容

　　本任务介绍了地球的形状和大小、地面点的坐标表示方法、地面点的高程表示方法和用水平面代替水准面的限度等内容。

1.1　地球的形状和大小

　　测量工作是在地球表面进行的，欲确定地表上某点的位置，必须建立一个相应的测量工作面——基准面，统一计算基准，实现空间点信息共享。为了达到此目的，测量基准面应满足两个条件：一是基准面的形状与大小应尽可能接近于地球的形状与大小；二是可用规则的简单几何形体与数学表达式来表达。如图 1.1.1(a)所示，地球表面有高山、丘陵、平原、盆地和海洋等自然起伏，为极不规则的曲面。例如珠穆朗玛峰高于海平面 8 846.27 m，太平洋西部的马里亚纳海沟深至 $-11\,022$ m，尽管它们高低相差悬殊，但与地球的平均半径 6 371 km 相比是微小的。另外，地球表面约 71% 的面积为海洋，陆地面积约占 29%。

　　根据上述条件，人们设想以一个自由静止的海水面向陆地延伸，并包含整个地球，形成一个封闭的曲面来代替地球表面，这个曲面称为水准面。与水准面相切的平面，称为水平面。可见,水准面与水平面可以有无数个,其中通过平均海水面的水准面称为大地水准面。由大地水准面包含的形体称为大地体,如图 1.1.1(b)所示。大地水准面是测量工作的基准面,也是地面点高程计算的起算面(又称为高程基准面)。在测区面积较小时,可将水平面作为测量工作的基准面。

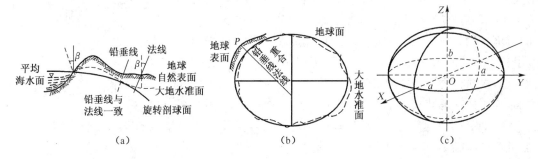

图 1.1.1 水准测量原理

地球是太阳系中的一颗行星,根据万有引力定律,地球上物体受地球重力(主要考虑地球引力和地球自转离心力)的作用,水准面上任一点的铅垂线(称为重力作用线,是测量上的基准线)都垂直于该曲面,这是水准面的一个重要特征。由于地球内部质量分布不均匀,重力受到影响,致使铅垂线方向产生不规则变化,导致大地水准面成为一个有微小起伏的复杂曲面,如图 1.1.1 所示,缺乏作基准面的第二条件。如果在此曲面上进行测量工作,测量、计算、制图都非常困难。为此,根据不同轨迹卫星的长期观测成果,经过推算,选择了一个非常接近大地体又能用数学式表达的规则几何形体来代表地球的整体形状。这个几何形体称为旋转椭球体,其表面称为旋转椭球面。测量上概括地球总形体的旋转椭球体称为参考椭球体,如图 1.1.1(c)所示,相应的规则曲面称为参考椭球面。测量工作的实质是确定地面点的空间位置,即在测量基准面上用三个量(该点的平面或球面坐标与该点的高程)来表示。因而,要确定地面点位必须建立测量坐标系统和高程系统。

1.2 地面点的坐标表示方法

坐标系统用来确定地面点在地球椭球面或投影平面上的位置。测量上通常采用地理坐标系统、高斯-克吕格平面直角坐标系统,独立平面直角坐标系统和 WGS-84 坐标系统。

1.2.1 地理坐标系

用经度、纬度来表示地面点位置的坐标系,称为地理坐标系。若用天文经度 λ、天文纬度 φ 来表示则称为天文地理坐标系,如图 1.1.2 所示;而用大地经度 L、大地纬度 B 来表示称为大地地理坐标系。天文地理坐标是用天文测量方法直接测定的,大地地理坐标是根据大地测量所得数据推算得到的。地理坐标为一种球面坐标,常用于大地问题解算、地球形状和大小的研究、编制大面积地图、火箭与卫星发射、战略防御和指挥等方面。

由地理学可知,地球北极 N 与南极 S 的连线称为地轴,NS 为短轴,地球的球心为 O。过地面点 P 和地轴的平面称为子午面,子午面与地球表面的交线称为子午线;通过英国伦敦格林尼治天文台的子午面 NGMSO 称为首子午面,相应的子午线称为首子午线(零子午线),其经度为 0°。地面上任意一点 P 的子午面 NPKSO 与首子午面间所夹的二面角 λ 称为 P 点的经度。经由首子午面向东、向西各由 0°～180°度量,在首子午线以东称为东经,以西称为西经。通过地心且垂直于地轴的平面称为赤道面,赤道面与地球表面的交线称为赤道;地面点 P 的铅垂线

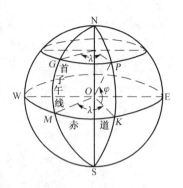

图 1.1.2　地理坐标

与赤道面所形成的夹角 φ 称为 P 点的纬度。由赤道面向北极量称为北纬,向南极量称为南纬,其取值范围为 0°～90°。例如北京某点的天文地理坐标为东经 116°28′,北纬 39°54′。

大地经纬是根据一个起始大地点(称为大地原点,该点的大地经纬与天文经纬一致)的大地坐标,再按大地测量所得数据而得。20 世纪 50 年代,在我国天文大地网建立初期,鉴于当时的历史条件,采用了克拉索夫斯基椭球元素,并与前苏联 1942 年普尔科沃坐标系进行联测,通过计算,建立了我国的 1954 年北京坐标系;我国目前使用的大地坐标系,是以位于陕西省泾阳县境内的国家大地点为起算点建立的统一坐标系,称为 1980 年国家大地坐标系。

地面上同一点的天文坐标与地理坐标是不完全相同的,因为二者采用的基准面和基准线不同,天文坐标采用的为大地水准面和铅垂线,而大地坐标采用的是旋转椭球面和法线,如图 1.1.1(a)所示。

1.2.2　高斯-克吕格平面直角坐标系

地理坐标建立在球面基础上,不能直接用于测图、工程建设规划、设计、施工,因此测量工作最好在平面上进行。所以需要将球面坐标按一定的数学算法归算到平面上去,即按照地图投影理论(高斯投影)将球面坐标转化为平面直角坐标。

高斯投影,是设想将截面为椭圆的柱面套在椭球体外面,如图 1.1.3(a)所示,使柱面轴线通过椭球中心,并且使椭球面上的中央子午线与柱面相切,而后将中央子午线附近的椭球面上的点、线正形投影到柱面上,如 M 投影点为 m。再沿过极点 N 的母线将柱面剪开,展成平面,图 1.1.3(b)

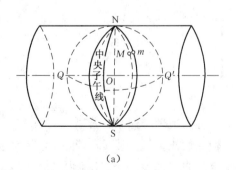

(a)

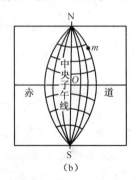

(b)

图 1.1.3　高斯投影

所示,这样就形成了高斯投影平面。由此可见,经高斯投影后,中央子午线与赤道呈直线,其长度不变,并且二者正交。而离开中央子午线和赤道的点、线均有变形,离得越远变形越大。

为了控制由曲面等角投影(正形投影)到平面时引起的变形在测量容许值范围内,将地球按一定的经度差分成若干带,各带分别独立进行投影。从首子午线自西向东每隔 $6°$ 划为一带,称为 $6°$ 带。每带均统一编排带号,用 N 表示。自西向东依次编为 $1 \sim 60$,如图 1.1.4 所示。位于各带边界上的子午线称为分带子午线,各带中央子午线的经度 λ_0^6 按下式计算

$$\lambda_0^6 = 6° N - 3° \tag{1.1-1}$$

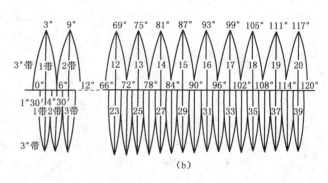

图 1.1.4　高斯投影分带

亦可从经度 $1°30'$ 自西向东按 $3°$ 经差分带,称为 $3°$ 带,其带号用 n 表示,依次编号 $1 \sim 120$,各带的中央子午线经 λ_0^3 按下式计算

$$\lambda_0^3 = 3n \tag{1.1-2}$$

例如:北京某点的经为 $116°28'$,它属于 $6°$ 带的带号 $N = \mathrm{Int}\left[\dfrac{116°28'}{6°} + 1\right] = 20$,中央子午线经度 $\lambda_0^6 = 6° \times 20 - 3° = 117°$。$3°$ 带的带号 $n = \mathrm{Int}\left[\dfrac{116°28' - 1°30'}{3°} + 1\right] = 39$,相应的中央子午线经度 $\lambda_0^3 = 3° \times 39 = 117°$。分带应视测量的精度选择,工程建设一般选择 $6°$、$3°$ 带,亦可按 $9°$(宽带)、$1°5'$(窄带)分带。

分带投影后,以各带中央子午线为纵轴(x 轴),北方向为正;赤道为横轴(y 轴),东方向为正;其交点为原点,即建立起各投影带的高斯-克吕格平面直角坐标系,如图 1.1.5(a)所示。

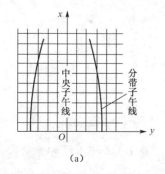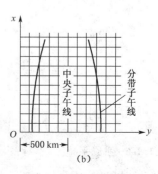

图 1.1.5　高斯-克吕格平面直角坐标系

我国领土位于北半球,在高斯-克吕格平面直角坐标系中,x 值均为正值。而地面点位于中央子午线以东 y 为正值,以西 y 为负值。这种以中央子午线为纵轴的坐标值称为自然值。为了避免 y 值出现负值,规定每带纵轴向西平移 500 km,如图 1.1.5(b)所示,来计算横坐标。而每带赤道长约 667.2 km,这样在新的坐标系下,横坐标纯为正值。为了区分地面点所在的带,还应在新坐标系横坐标值(以米计的 6 位整数)前冠以投影带号。这种由带号、500 km 和自然值组成的横坐标 Y 称为横坐标通用值。例如,地面上两点 A、B 位于 6°带的 18 带,横坐标自然值分别为 $Y_A = 34\ 257.38$ m,$Y_B = -104\ 172.34$ m,则相应的横坐标通用值为 $Y_A = 18\ 534\ 257.38$ m,$Y_B = 18\ 395\ 827.66$ m。我国境内 6°带的带号在 13～23 之间,而 3°带的带号在 24～45 之间,相互之间带号不重叠,根据某点的通用值即可判断该点处于 6°带还是 3°带。

1.2.3 独立平面直角坐标系

当测区范围较小(半径≤10 km)时,可将地球表面视作平面,直接将地面点沿铅垂线方向投影到水平面上,用平面直角坐标系表示该点的投影位置。以测区子午线方向(真子午线或磁子午线)为纵轴(x 轴),北方向为正;横轴(y 轴)与 x 轴垂直,东方向为正。这样就建立了独立平面直角坐标系,如图 1.1.6。实际测量中,为了避免出现负值,一般将坐标原点选在测区的西南角,故又称假定平面直角坐标系。

两种平面直角坐标系,与数学坐标系相比较,区别在于纵、横轴互换,且象限按顺时针方向Ⅰ、Ⅱ、Ⅲ、Ⅳ排列,如图 1.1.6 所示,目的是便于将数学中的三角和几何公式不作任何改变直接应用于测量学中。

1.2.4 WGS-84 坐标系

WGS-84 坐标系的几何定义是:原点在地球质心,z 轴指向国际时间局 BIH1984 年(Bureau International de I'Heure)定义的协议地球极 CTP(Conventional Terrestrial Pole)方向,x 轴指向 BIH—1984.0 的零子午面和 CTP 赤道面的交点,y 轴与 z、x 轴构成右手坐标系,如图 1.1.7 所示。

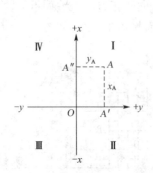

图 1.1.6 独立平面直角坐标系

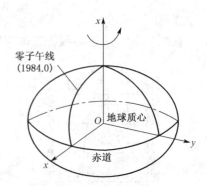

图 1.1.7 WGS-84 坐标系

由于地球自转轴相对地球体而言,地极点在地球表面的位置随着时间而发生变化,这种现象称为极移运动,简称极移。国际时间局(BIH)定期向外公布地极的瞬间位置。WGS-84 坐标系是由美国国防部以 BIH—1984 年首次公布的瞬时地极(BIH—1984.0)作为基准建立并于 1984 年公布的空间三维直角坐标系,为世界通用的世界大地坐标系统(World Geodetic System,1984),简称 WGS－84 坐标系。GPS 卫星测量获得的是地心空间三维直角坐标,属于 WGS－84 坐标系。我国国家大地坐标系、城市坐标系、土木工程中采用的独立平面直角坐标系与 WGS－84 坐标系之间存在相互转换关系。

1.3　地面点的高程表示方法

　　地面点至水准面的铅垂距离,称为该点的高程。地面点到大地水准面的铅垂距离,称为该点的绝对高程(简称高程)或海拔。用 H 表示。A、B 两点的高程为 H_A、H_B(图 1.1.8)。新中国成立以来,我国把以青岛市大港 1 号码头两端的验潮站多年观测资料求得的黄海平均海水面作为高程基准面,其高程为 0.000 m,建立了 1956 年黄海高程系。并在青岛市观象山建立了中华人民共和国水准原点,其高程为 72.289 m。随着观测资料的积累,采用 1953～1979 年的验潮资料,1985 年精确地确定了黄海平均海水面,推算得国家水准原点的高程为 72.260 m,由此建立了 1985 国家高程基准,作为统一的国家高程系统,1987 年开始启用。现在仍在使用的 1956 年黄海高程系以及其他高程系(如吴淞江高程系、珠江高程系等)都应统一到"1985 国家高程基准"上。在局部地区,若采用国家高程基准有困难时,也可以假定一个水准面作为高程基准面。地面点到假定水准面的铅垂距离,称为该点的相对高程或假定高程,通常用 H' 表示。如图 1.1.8 所示 A、B 点的相对高程分别为 H'_A、H'_B 地面上两点之间的高程之差,称为高差,用 h 表示。由图 1.1.8 可知,A、B 两点间的高差为

$$h_{AB} = H_B - H_A = H_{B'} - H_{A'} \tag{1.1-3}$$

由此可见,如已知 H_A 和 h_{AB},即可求得 H_B。即

$$H_B = H_A + h_{AB} \tag{1.1-4}$$

1.3.1　地面点定位元素

　　欲确定地面点的位置,必须求得它在椭球面或投影平面上的坐标 (λ, φ) 或 (x, y) 和高程 H 三个量,这三个量称为三维定位参数。而将 (λ, φ) 或 (x, y) 称为二维定位参数。无论采用何种坐标系统,都需要测量出地面点间的距离 D、相关角 β 和高程 H,则 D、β 和 H 称为地面点的定位元素。

1.3.2　地面点定位的原理

　　如图 1.1.9 所示,欲确定地面上某特征点 P 的位置,在工程建设中,通常采用卫星定位和几何测量的定位方法。卫星定位是利用卫星信号接收机,同时接收多颗定位卫星的信号,解算

出待定点 P 的定位元素,如图 1.1.9(a)所示。设各卫星的空间坐标为 x_i、y_i、z_i,P 的空间坐标为 x_P、y_P、z_P,P 点接收机与卫星间的距离为 D_i,则有

$$D_i = \sqrt{(x_P - x_i)^2 + (y_P - y_i)^2 + (z_P - z_i)^2}$$

将上式联立可解得 x_P、y_P、z_P。在解算过程中通过高斯投影即可转化为平面直角坐标。

几何测量定位如图 1.1.9(b)所示,地面上有 A、B、C 三点,其中已知 A 点的三维坐标 x_A、y_A、H_A,B、C 为待定点,若测定 A、B 间的距离 D_{AB},AB 边与坐标纵轴 x 间的夹角 α_{AB}(方位角)和 h_{AB},则有

$$x_B = x_A + D_{AB} \cdot \cos \alpha_{AB}$$
$$y_B = y_A + D_{AB} \cdot \sin \alpha_{AB}$$
$$H_B = H_A + h_{AB}$$

同理,若 A、B 点的坐标已知,只要测定 AB 边和 BC 边的夹角 β 和距离 D_{BC}、高差 h_{BC} 后,即求得 C 点的空间坐标。

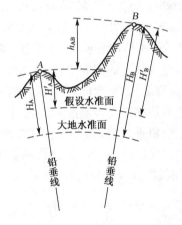

图 1.1.8 高程系统

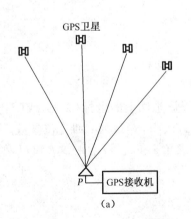

(a)

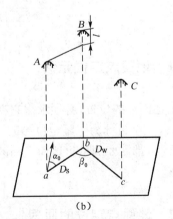

(b)

图 1.1.9 地面点定位原理

地面点定位的方法除上述之外,还有如图 1.1.10 所示的极坐标法(图 1.1.10(a))、直角坐标法(图 1.1.10(b))、角度交会法(图 1.1.10(c))、距离交会法(图 1.1.10(d))、边角交会法

（图 1.1.10(d)、(e)）等，只要测定其中相应的距离 D_i 和角 β_i，即可确定 P 的平面位置。

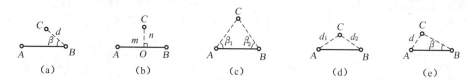

图 1.1.10　地面点定位方法

1.3.3　地面点定位的程序与原则

　　测量地面点定位元素时，不可避免地会产生误差，甚至发生错误。如果按上述方法逐点连续定位，不加以检查和控制，势必造成由于误差传播导致点位误差逐渐增大，最后达到不可容许的程度。为了限制误差的传播，测量工作中的程序必须适当控制连续定位的延伸。同时也应遵循特定的原则，不能盲目施测，造成恶劣的后果。测量工作应逐级进行，即先进行控制测量，而后进行碎部测量及与工程建设相关的测量。

　　控制测量，就是在测区范围内，从测区整体出发，选择数量足够、分布均匀，且起着控制作用的点（称为控制点），并使这些点的连线构成一定的几何图形（如导线测量中的闭合多边形、折线形，三角测量中的小三角网、大地四边形等），用高一级精度精确测定其空间位置（定位元素），以此作为测区内其他测量工作的依据。控制点的定位元素必须通过坐标形成一个整体。控制测量分为平面控制测量和高程控制测量。

　　碎部测量，是指以控制点为依据，用低一级精度测定周围局部范围内地物、地貌特征点的定位元素，由此按成图规则依一定比例尺将特征点标绘在图上，绘制成各种图件（地形图、平面图等）。

　　相关测量，是指以控制点为依据，在测区内用低一级精度进行与工程建设项目有关的各种测量工作，如施工放样、竣工图测绘、施工监测等。它是根据设计数据或特定要求测定地面点的定位元素，为施工检验、验收等提供数据和资料。

　　由上述程序可以看出，确定地面点位（整个测量工作）必须遵循以下原则。

1）整体性原则

　　整体性是指测量对象各部应构成一个完整的区域，各地面点的定位元素相关联而不孤立。测区内所有局部区域的测量必须统一到同一技术标准，即从属于控制测量。因此测量工作必须"从整体到局部"。

2）控制性原则

　　控制性是指在测区内建立一个自身的统一基准，作为其他任何测量的基础和质量保证，只有控制测量完成后，才能进行其他测量工作，有效控制测量误差。其他测量相对控制测量而言精度要低一些。此为"先控制后碎部"。

3）等级性原则

　　等级性是指测量工作应"由高级到低级"。任何测量必须先进行高一级精度的测量，而后以此为基础进行低一级的测量工作，逐级进行。这样既可满足技术要求，也能合理利用资源、提高经济效益。同时,对任何测量定位必须满足技术规范规定的技术等级,否则测量成果不可应用。等级规定是工程建设中测量技术工作的质量标准,任何违背技术等级的不合格测量都是不允许的。

4)检核性原则

测量成果必须真实、可靠、准确、置信度高,任何不合格或错误成果都将给工程建设带来严重后果。因此对测量资料和成果,应进行严格的全过程检验、复核,消灭错误和虚假,剔除不合格成果。实践证明:测量资料与成果必须保持其原始性,前一步工作未经检核不得进行下一步工作,未经检核的成果绝对不允许使用。检核包括观测数据检核、计算检核和精度检核。

1.4   用水平面代替水准面的限度

当测区范围较小时,在地球曲率的影响不超过测量和制图的容许误差范围前提下,将地面视为平面,可不顾及地球曲率的影响。本节针对地球曲率对定位元素的影响来讨论研究测区范围的限度。

1.4.1   地球曲率对距离的影响

如图 1.1.11 所示,设大地水准面上的两点 A、B 之间的弧长为 D,所对的圆心角为 θ,弧长 D 在水平面上的投影为 D',二者的差值为 ΔD。若将水准面看作近似的圆球面,地球的半径为 R,则地球曲率对 D 的影响为

$$\Delta D = D' - D = R\tan\theta - R\theta = R(\tan\theta - \theta) \tag{1.1-5}$$

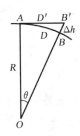

图 1.1.11   地球曲率的影响

将 $\tan\theta$ 按幂级数展开,即 $\tan\theta = \theta + \theta^3/3 + 2\theta^5/15 + \cdots$,略去高次项而取前两项,并顾及到 $\theta = D/R$,代入上式整理得

$$\Delta D = \frac{D^3}{3R^2} \quad \text{或} \quad \frac{\Delta D}{D} = \frac{D^2}{3R^2} \tag{1.1-6}$$

式中,$\Delta D/D$ 称为相对误差,通常表示成 $1/M$ 的形式,其中 M 为正整数;M 越大,精度越高。取 $D=10$ km、20 km、30 km,算得 ΔD 分别为 8.2 mm、65.7 mm、221.7 mm,$\Delta D/D$ 则分

别为 1/1 220 000、1/300 000、1/135 000。以上表明，ΔD 与 D 成正比。当 $D=10$ km 时，地球曲率对距离的影响相对误差为 1/1 220 000，这对于地面上进行最精密的距离测量也是允许的，例如特大桥梁的轴线规范规定的容许相对误差为 1/130 000。一般测量仅要求 1/2 000～1/5 000。由此可以得出结论：在半径 10 km 的范围内，距离测量可以忽略地球曲率的影响；一般建筑工程的范围可以扩大到 20 km。

1.4.2 地球曲率对高程的影响

如图 1.1.11 所示，在同一水准面上两点 A、B 的高程相等，即高差 $h=0$。若 B 投影到水平面上为 B' 点，则 $\Delta h=BB'$ 就是以水平面代替水准面时地球曲率对高程的影响。即

$$\Delta h = OB' - OB = R\sec\theta - R = R(\sec\theta - 1) \tag{1.1-7}$$

将 $\sec\theta$ 按幂级数展开，即 $\sec\theta = 1 + \theta^2/2 + 5\theta^4/24 + \cdots$，略去高次项而取前两项，并顾及 $\theta = D/R$，代入上式整理得

$$\Delta h = \frac{D^2}{2R} \tag{1.1-8}$$

若取 $D=0.1$ km、0.2 km、0.5 km、1.0 km，相应的 Δh 分别为 0.8 mm、3.1 mm、19.6 mm、78.5 mm。

由此可见，Δh 与 D 成正比。即使 D 很小，若以水平面代替水准面，地球曲率对高程的影响也是不容许的。因此，高程测量应根据测量精度要求和 D 的大小考虑其影响。

1.4.3 地球曲率对水平角的影响

根据球面三角学原理可知，球面上多边形内角之和与平面上多边形内角之和要大一个角超值 ε。其值可按下式

$$\varepsilon = \frac{P}{R^2} \cdot \rho'' \tag{1.1-9}$$

计算式中，P 为球面多边形的面积，R 为地球半径，$\rho'' = 206\,265''$。当 P 分别为 10 km²、20 km²、50 km²、100 km²、500 km² 时，相应的 ε 为 0.05″、0.10″、0.25″、0.51″、2.54″。由此表明，当测区面积为 100 km² 时，以水平面代替水准面，地球曲率对球面多边形内角的影响仅为 0.″51。所以在测区面积不大于 100 km² 时，水平角测量可不考虑地球曲率的影响。

综合上述，当测区面积在 100 km² 范围内，工程测量中进行的距离和水平角测量，可以不顾及地球曲率的影响；在精度要求不高的工程建设中其范围还可以适当扩大。但地球曲率对高程的影响，即使两点间的距离很短，也不容许忽视其影响。

思考与讨论

1. 名词解释：大地水准面、大地体、旋转椭球面、参考椭球面、铅垂线、高斯平面、中央子午线、横坐标通用值、绝对高程、相对高程、高差。

2. 工程测量的主要工作内容是什么？测绘资料的重要性有哪些？工程测量学的任务是什么？测图与测设有什么不同？

3. 大地水准面有何特点？大地水准面与高程基准面、大地体与参考椭球体有什么不同？

4. 确定地面点位有几种坐标系统？各起什么作用？

5. 测量中的平面直角坐标系与数学平面直角坐标系有何不同？为什么？

6. 高斯平面直角坐标系中的横坐标自然值的几何意义是什么？

7. 某地面点的经度为东经 $114°10'$，试计算该点所在 $6°$ 带和 $3°$ 带的带号与中央子午线的经度。

8. 某地面点 A 位于 $6°$ 带的第 20 带，其横坐标自然值为 $y_A = -280\,000.00$ m，该横坐标的通用值是多少？A 点位于中央子午线以东还是以西？距中央子午线有多远？

9. 如上题，若 A 点位于赤道附近，它在 $3°$ 带的通用值为多少？

10. 地面上有 A、B 两点，相距 0.8 km，问地球曲率对高程的影响为对距离影响的多少倍？

任务 2　水准测量

学习目标

- 熟知水准测量的基本术语；
- 具备实施普通水准测量外业的技能；
- 具备处理水准测量数据的技能；
- 了解水准测量中的测量误差知识；
- 了解微倾式水准仪的检验与校正的相关知识；
- 具备运用已有测量技能，操作先进水准仪的技能。

任务内容

本任务介绍了水准测量的原理、水准测量的仪器与工具及其使用、水准测量的外业观测、内业计算、微倾式水准仪的检验与校正、自动安平水准仪和电子水准仪等内容。微倾式水准仪的操作步骤为：安置仪器、粗略整平、瞄准目标和精平读数。在水准测量施测中，应对观测数据进行测站检核、计算检核和成果检核。数据经检核合格后，可进行内业计算，计算步骤为：高差闭合差的计算、高差闭合差的调整和待定点高程的计算。其中，高差闭合差的调整原则是将高差闭合差按反符号与距离或测站数成正比例分配到各测段的高差中。在仪器的检验与校正中，分析了误差的主要来源和介绍了减小或消除误差的措施，同时，在作业前，应对仪器进行三项检校。自动安平水准仪的出现简化了仪器的操作，提高了效率。电子水准仪的出现实现了水准测量内外业一体化，是对传统几何水准测量技术的突破，代表了现代水准仪和水准测量技术的发展方向。

测定地面点高程的工作称为高程测量。高程测量根据使用的仪器和施测方法的不同，可分为水准测量、三角高程测量和 GPS 高程测量等。水准测量是利用水准仪和水准尺,根据水平视线测量两点间的高差,从而由已知点的高程推算出未知点的高程;三角高程测量是利用经纬仪和测距仪或全站仪,测量距离和竖直角,按三角原理,从而计算出两点间的高差和高程;GPS 高程测量是利用地面接收机接收的卫星信号,测定地面点的空间位置,从而获得点的地面高程。其中,水准测量是高程测量的主要方法,因此,本章主要介绍水准测量。

2.1　水准测量原理

2.1.1　水准测量原理

水准测量原理是利用水准仪提供的水平视线,通过读取竖立在两点上的水准尺的读数,求出两点间的高差,从而由已知点的高程推算出未知点的高程。

如图 1.2.1 所示,地面上有 A、B 两点,已知 A 点的高程为 H_A,欲求 B 点的高程 H_B,则需先测定 A、B 两点间的高差。将水准仪安置在 A、B 两点之间,并在 A、B 两点上各竖立一根水准尺,利用水准仪提供的水平视线,分别在 A、B 两点的水准尺上读取读数 a 和 b,则 A、B 两点之间的高差 h_{AB} 为

$$h_{AB} = a - b \qquad (1.2\text{-}1)$$

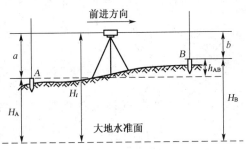

图 1.2.1　水准测量原理

在水准测量中,由于 A 是已知点,B 是未知点,测量是由 A 向 B 方向进行的,则 A 点称为后视点,B 点称为前视点;读数 a 称为后视读数,读数 b 称为前视读数。因此,高差就等于后视读数减去前视读数。当高差为正时,后视点低于前视点;当高差为负时,则后视点高于前视点。

2.1.2　高程的计算方法

1)高差法

如图 1.2.1 所示,若已知点 A 的高程为 H_A,则未知点 B 的高程 H_B 为

$$H_B = H_A + h_{AB} = H_A + (a - b) \qquad (1.2\text{-}2)$$

这种由已知点 A 的高程 H_A 和高差 h_{AB} 计算未知点 B 的高程 H_B 的方法,称为高差法。

［例 1.2-1］ 如图 1.2.1 所示,已知 A 点的高程 $H_A = 48.962$ m,若观测得到后视读数 $a = 1.624$ m,前视读数 $b = 0.857$ m,求 B 点的高程 H_B。

解 由式(1.2-1)知

$$h_{AB} = a - b$$
$$= 1.624 \text{ m} - 0.857 \text{ m} = 0.767 \text{ m}$$

则根据式(1.2-2)得

$$H_B = H_A + h_{AB}$$
$$= 48.962 \text{ m} + 0.767 \text{ m} = 49.729 \text{ m}$$

2）视线高法

在工程测量中,常会遇到前视点个数较多的情况,这时总希望安置一次仪器能测出多个前视点的高程。如图 1.2.2 所示,可利用 A 点的高程 H_A 加上后视读数 a 得到水准仪视线的高程,设视线的高程为 H_i,即

$$H_i = H_A + a \qquad (1.2\text{-}3)$$

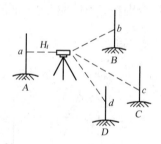

图 1.2.2 视线高法

则前视点 B 的高程 H_B 等于视线的高程 H_i 减去 B 点的前视读数 b,即

$$H_B = H_i - b = (H_A + a) - b = H_A + (a - b) \qquad (1.2\text{-}4)$$

同理

$$H_C = H_i - c = (H_A + a) - c$$

$$\cdots\cdots$$

这种由视线的高程 H_i 计算未知点高程的方法,称为视线高法,也称为仪高法。

［例 1.2-2］ 如图 1.2.2 所示,已知 A 点的高程 $H_A = 54.728$ m,观测得到 A 点的后视读数 $a = 1.624$ m,前视点 B、C、D 的读数分别为 $b = 1.479$ m、$c = 1.264$ m 和 $d = 1.583$ m,求 B、C、D 各点的高程 H_B、H_C 和 H_D。

解 由式(1.2-3)知

$$H_i = H_A + a$$
$$= 54.728 + 1.624$$

$$= 56.352 \text{ m}$$

则根据式(1.2-4)得

$$H_B = H_i - b$$
$$= 56.352 - 1.479$$
$$= 54.873 \text{ m}$$

同理

$$H_C = H_i - c$$
$$= 56.352 - 1.264$$
$$= 55.088 \text{ m}$$
$$H_D = H_i - d$$
$$= 56.352 - 1.583$$
$$= 54.769 \text{ m}$$

2.2　水准测量的工具及使用

　　水准测量中所使用的仪器称为水准仪,工具有水准尺和尺垫。目前,水准仪的种类很多,依据不同的分类方法可得到不同的分类结果,主要分类方法有:按仪器的精度分,有 DS_{05}、DS_1、DS_3 和 DS_{10} 等不同等级的水准仪,"D"和"S"分别为"大地测量"和"水准仪"汉语拼音的第一个字母,下标数字则表示水准仪的精度,是每千米往、返测高差的中误差,以毫米为单位;按仪器的结构分,有微倾式水准仪、自动安平水准仪和电子水准仪等。在工程测量中,一般使用的是 DS_3 型微倾式水准仪,本节主要介绍这种类型的仪器。

2.2.1　微倾式水准仪的基本构造

　　DS_3 型微倾式水准仪主要由望远镜、水准器和基座三部分组成,如图1.2.3所示。

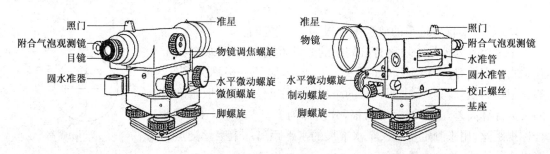

照门　准星
附合气泡观测镜　准星　照门
目镜　物镜　附合气泡观测镜
圆水准器　物镜调焦螺旋　水准管
　　水平微动螺旋　圆水准管
　　微倾螺旋　水平微动螺旋　校正螺丝
　　脚螺旋　制动螺旋　基座
　　脚螺旋

图 1.2.3　DS_3 型微倾式水准仪

1) 望远镜

望远镜主要由物镜、目镜、物镜调焦螺旋和十字丝分划板组成,其作用是提供一条水平视线,精确照准水准尺进行读数,如图1.2.4所示。

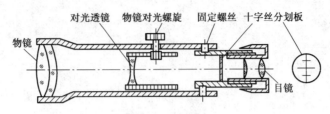

图1.2.4 望远镜

望远镜的物镜和目镜一般由复合透镜组成。由于物镜调焦构造不同,望远镜有外对光望远镜和内对光望远镜两种,目前,使用的多为内对光望远镜,该种望远镜的调焦镜(对光透镜)为凹透镜,位于物镜和目镜之间,望远镜的对光是通过旋转物镜调焦螺旋,使调焦镜在望远镜镜筒内平移来实现的,其成像原理图如图1.2.5所示。

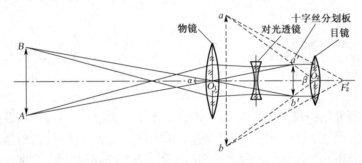

图1.2.5 望远镜成像原理图

目标 AB 经过物镜后形成一个倒立且缩小的实像 $a'b'$,移动对光透镜可使不同距离的目标均能成像在十字丝平面上。通过目镜的作用,可看到同时放大了的十字丝和目标影像 ab。从望远镜内所看到的目标 AB 影像的视角与肉眼直接观察该目标的视角之比,称为望远镜的放大率,一般用 ν 表示。如图1.2.5所示,从望远镜内看到目标的像所对的视角为 β,用肉眼看目标所对的视角可近似地认为是 α,则望远镜的放大率为

$$\nu = \frac{\beta}{\alpha} \tag{1.2-5}$$

DS$_3$ 型水准仪望远镜的放大率一般为28倍左右。

十字丝分划板是一块刻有分划线的光学玻璃板,光学玻璃板上相互垂直的细线,称为十字丝,如图1.2.6所示,竖的一根称为竖丝,横的三根称为横丝,其中,中间较长的一根称为中丝,用来读取水准尺上的读数计算高差,上下较短的两根,分别称为上丝和下丝,上、下丝又合称视距丝,用来测定水准仪至水准尺的水平距离。十字丝交点与物镜光心的连线,称为视准轴。

图1.2.6 十字丝分划板

2) 水准器

水准器是水准仪的整平装置,分为管水准器和圆水准器两种。管水准器用来判断视准轴

是否水平,圆水准器用来判断仪器竖轴是否竖直。

（1）管水准器

管水准器又称为水准管,是一个纵向内壁被磨成圆弧形的玻璃管。其内装酒精和乙醚的混合物,经加热密封冷却,形成一气泡,如图 1.2.7(a)所示。水准管圆弧内壁的最高点称为水准管的零点,过零点与圆弧相切的直线称为水准管轴。当气泡的中心与零点重合时,称为气泡居中。为了便于判断气泡是否居中,在水准管的表面上,自零点向两侧每隔 2 mm 刻有对称的分划线,一般是根据气泡的两端是否与分划线的对称位置对齐,来判断气泡是否居中。水准管上,相邻两分划线之间的弧长 2 mm 所对应的圆心角,称为水准管的分划值,一般用 τ 来表示,如图 1.2.7(b)所示,则

$$\tau = \frac{2}{R}\rho \tag{1.2-6}$$

式中：τ——2 mm 所对的圆心角,单位为$''$；

$\rho = 206\,265''$；

R——水准管圆弧半径,单位为mm。

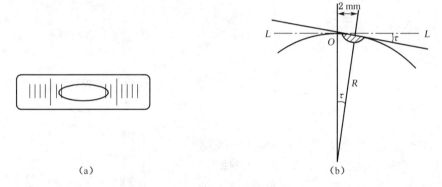

（a）　　　　　　　　　　　　　　（b）

图 1.2.7　管水准器

水准管圆弧半径越大,分划值就越小,则水准管灵敏度就越高,也就是仪器整平的精度越高。DS$_3$型微倾式水准仪的水准管分划值一般为 $20''/2$ mm。

为了提高水准管气泡居中的精度,DS$_3$型微倾式水准仪都装有附合棱镜系统,借助附合棱镜系统使水准管气泡一侧的两端成像,并使气泡两端的影像反映在望远镜旁的附合气泡观察窗中,由观测者来查看观察窗中气泡两端的像对齐与否,来判断气泡是否居中,如图 1.2.8 所示。若气泡两端的像对齐,则表示气泡居中,水准管轴水平。否则,表示气泡不居中,这时,可转动微倾螺旋,使气泡两端的像对齐。

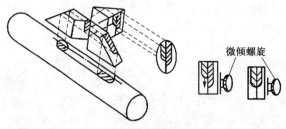

图 1.2.8　附合水准器

（2）圆水准器

圆水准器是一个内壁被磨成球面的玻璃圆盒,同样,内装酒精和乙醚的混合物,经加热密封冷却,形成一气泡,如图1.2.9所示。球面的最高点称为圆水准器的零点,过零点和球心的连线,称为圆水准器轴。当气泡的中心与圆水准器的零点重合时,称为气泡居中。气泡居中时,圆水准器轴竖直,则仪器竖轴亦处于竖直位置。在零点的周围刻有圆形的分划线,相邻两分划线之间的弧长也是2 mm,其所对应的圆心角,称为圆水准器分划值。DS₃型微倾式水准仪的圆水准器分划值一般为$(8'\sim10')/2$ mm,灵敏度较低,因此,圆水准器只能用来粗略整平仪器。

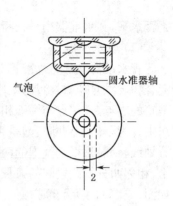

图1.2.9 圆水准器

3）基座

基座主要由轴座、脚螺旋和连接板等组成。其作用是用来支承仪器的上部,并通过连接螺旋使仪器与三脚架相连。调节基座上的三个脚螺旋可使圆水准器气泡居中。

2.2.2 水准尺与尺垫

1）水准尺

水准尺是水准测量的主要工具,常用的水准尺有塔尺和双面尺两种,多是用优质木材、玻璃钢或铝合金制成的。

（1）塔尺

塔尺仅用于普通水准测量(等外水准测量),长度有3 m和5 m两种,分两节或三节组成,可以伸缩。尺底为零,尺面上黑白相间,每格宽度为1 cm或0.5 cm,并自下而上注有"dm"和"m"的数字,数字有正字和倒字两种,分别与正镜水准仪和倒镜水准仪配合使用,如图1.2.10所示。

（2）双面尺

双面尺又称黑红尺,多用于三、四等水准测量(见第6.4节高程控制测量),长度有2 m和3 m两种,两根尺为一对,这种尺子两面均有分划,正面是黑白分划,称为主尺(黑尺面),反面是红白分划,称为副尺(红尺面)。主尺的分划尺底均为零,而副尺的分划尺底则分别为4.687 m和4.787 m,如图1.2.11所示。

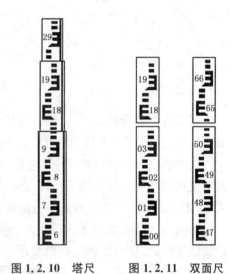

图1.2.10 塔尺　　图1.2.11 双面尺

2）尺垫

尺垫一般是用生铁铸成三角形,中央有一半球体的突起,下面有三个尖脚,如图1.2.12所示。在水准测量中,尺垫用来支撑水准尺,防止水准尺下沉对测量高差产生影响,因此,

图1.2.12 尺垫

在使用时,常将尺垫踩入土中踏实,再将水准尺竖立在半球体的顶端。

2.2.3　微倾式水准仪的基本操作

在水准测量中,微倾式水准仪的操作主要分为以下四个步骤。

1）安置仪器

撑开三脚架,根据观测者的身高,调节三脚架的架腿高度,使高度适中,架头大致水平,将三脚架的三个架腿踏牢,从仪器箱中取出水准仪,用脚架上的连接螺旋将水准仪固连在架头上。

2）粗略整平

粗略整平是指调节基座上的三个脚螺旋使圆水准器的气泡居中,从而使仪器竖轴竖直。具体操作如下:

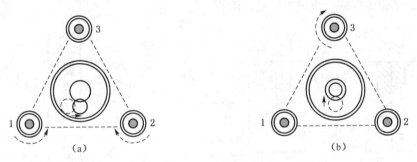

图 1.2.13　粗略整平

（1）转动望远镜使视准轴与任意两个脚螺旋的连线垂直,旋转 1、2 两个脚螺旋,使圆水准器气泡调至 1、2 两个脚螺旋连线的中间,如图 1.2.13(a)所示。旋转脚螺旋时,1、2 两个脚螺旋的旋转方向是相反的。

（2）旋转第 3 个脚螺旋,使圆水准器气泡居中,如图 1.2.13(b)所示。

（3）若发现气泡仍然没有居中,则需重复上述两步操作,直至气泡居中为止。

整平时,气泡移动的方向与左手大拇指旋转脚螺旋的方向是一致的。

3）瞄准目标（水准尺）

（1）目镜调焦

将望远镜对向明亮处,旋转目镜调焦螺旋使十字丝十分清晰。

（2）粗略瞄准

转动望远镜,利用望远镜上的照门和准星瞄准水准尺,拧紧制动螺旋。

（3）物镜调焦

旋转物镜调焦螺旋,使水准尺成像清晰。

（4）精确瞄准

旋转水平微动螺旋,使十字丝的竖丝瞄准水准尺的边缘或中央。

（5）消除视差

当物镜调焦不够精确时,水准尺的像并不能成在十字丝分划板上,此时,若观测者的眼睛

21

在目镜端上下微动,就会发现十字丝横丝与水准尺影像之间存在相对移动,这种现象被称为视差。观测中,应继续旋转物镜调焦螺旋,直至水准尺的像精确成在十字丝分划板平面上,确保消除视差。

4)精平读数

(1)精平

精平是指旋转微倾螺旋使水准管气泡居中,水准管轴水平,从而使视准轴水平。观测者应注视附合气泡观察窗,转动微倾螺旋,使水准管气泡两端的像对齐,此时,水准管轴水平,视准轴亦精确水平,如图1.2.14(a)所示。

(2)读数

在水准管气泡居中后,即精平后,应迅速用十字丝的中丝在水准尺上读数,读数时,应从小到大,即读取米(m)、分米(dm)、厘米(cm)和毫米(mm)四位,其中毫米为估读数,如图1.2.14(b)所示,读数为0.906 m。读完数后,还应检查附合气泡是否仍然居中,若气泡偏离,则需转动微倾螺旋使气泡居中后重新读数。

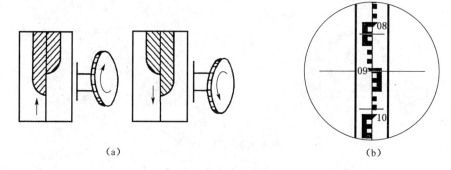

(a) (b)

图1.2.14 精平读数

2.3 水准测量的外业观测

2.3.1 水准路线的布设

1)水准点

用水准测量方法建立的高程控制点称为水准点(Bench Mark),通常用 BM_i 表示。水准点可分为永久性和临时性两种。为便于长期保存使用,永久性水准点一般用钢筋混凝土或石料制成,深埋在地面冻土线以下,如图1.2.15所示,其顶部嵌入半球形金属标志,金属标志的顶部表示该水准点的高程。有些永久性水准点的金属标志也可设置在稳定建筑物的墙脚上,称为墙上水准点,如图1.2.16所示。临时性水准点

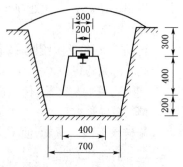

图1.2.15 永久性水准点

无须长期保存,可在地上打一木桩,并在木桩的顶部钉上半球形的钉子做标志,如图 1.2.17 所示。也可选择地面上的一些固定地物做临时性水准点的标志,如台阶、电线杆等,并用红油漆做标记。

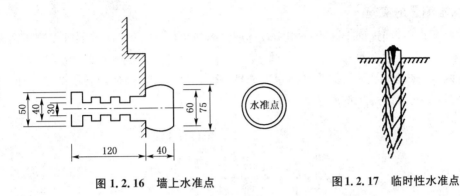

图 1.2.16   墙上水准点   图 1.2.17   临时性水准点

为了便于以后的寻找和引测,水准点埋设以后,应绘出水准点与相邻地物或地貌位置关系的草图,并注明该水准点的编号、高程等情况,这称为水准点的点之记,并作为水准测量的成果资料一并保存。

2) 水准路线

水准路线是指实施水准测量所经过的线路。根据测区的自然地理状况和工程建设的具体要求,水准路线一般可以布设成以下几种形式。

（1）附合水准路线

如图 1.2.18 所示,从一个已知高程的水准点 BM_1 开始,进行水准测量,经过若干个高程待定点后,附合到另外一个已知高程的水准点 BM_2 上,这样的水准路线称为附合水准路线。

（2）闭合水准路线

如图 1.2.19 所示,从一个已知高程的水准点 BM_1 开始,进行水准测量,经过若干个高程待定点,最后又闭合到该已知高程的水准点 BM_1 上,这样的水准路线称为闭合水准路线。

（3）支水准路线

如图 1.2.20 所示,从一个已知高程的水准点 BM_1 开始,进行水准测量,经过若干个高程待定点后,既不附合到另外一个已知高程的水准点上,也不闭合,这样的水准路线称为支水准路线。

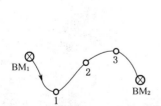 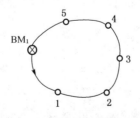 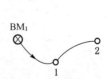

图 1.2.18   附合水准路线   图 1.2.19   闭合水准路线   图 1.2.20   支水准路线

2.3.2 水准测量的方法

1）水准测量的实施

在水准测量中,当地面上两点间相距较远或高差较大时,安置一次仪器难以测得两点的高差,则必须在这两点之间增设若干个临时立尺点,称之为转点,一般用 ZD 或 TP 表示。这些转点把这两点分成若干段,依据水准测量的原理,逐段测出高差,最后由各段高差求和,可得这两点的高差,从而求出待定点的高程。

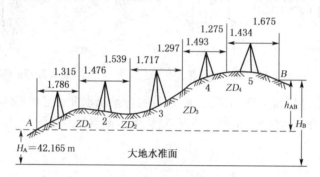

图 1.2.21 水准测量的实施

如图 1.2.21 所示,已知 A 点的高程为 42.165 m,欲测定 B 点的高程,具体观测步骤如下:在 A 点竖立水准尺,在水准路线前进方向上,距离 A 点适当的距离处安置水准仪,再在仪器的前方设置转点 ZD_1 并竖立水准尺,要求仪器距离前后水准尺的距离大致相等(具体要求见水准测量规范),则瞄准 A 点上的水准尺,读取后视读数 a_1 为 1.786 m,记入表 1.2.1 中 A 点的后视读数栏内,再瞄准转点 ZD_1 上的水准尺,读取前视读数 b_1 为 1.315 m,记入表 1.2.1 中 ZD_1 的前视读数栏内,后视读数减去前视读数得 A 和 ZD_1 两点间的高差为 +0.471 m,记入表 1.2.1 中高差栏内,至此,第一测站的工作结束,可以搬站。搬站时转点 ZD_1 上的水准尺不得移动,仪器搬到前方适当的位置设站,在 A 点的立尺员,持尺前进至选定的转点 ZD_2,并将尺子立在 ZD_2 上。此时,可以开始第二测站的工作。瞄准 ZD_1 上的水准尺,读取后视读数 a_2 为 1.476 m,记入表 1.2.1 内第二测站中 ZD_1 的后视读数栏内,再瞄准 ZD_2 上的水准尺,读取前视读数 b_2 为 1.539 m,记入表 1.2.1 中 ZD_2 的前视读数栏内,后视读数减去前视读数得 ZD_1 和 ZD_2 两点间的高差为 −0.063 m,记入表 1.2.1 中高差栏内。同理,继续向前观测、记录和计算,直至 B 点。即

$$h_1 = a_1 - b_1$$
$$h_2 = a_2 - b_2$$
$$\cdots\cdots$$
$$h_n = a_n - b_n$$

将各式相加,得 A、B 两点的高差 h_{AB} 为

$$h_{AB} = \sum_1^n h_i = \sum_1^n a_i - \sum_1^n b_i \tag{1.2-7}$$

则 B 点的高程 H_B 为

$$H_B = H_A + h_{AB}$$

表 1.2.1 水准测量记录手簿

测站	测点	水准尺读数(m)		高差(m)		高程(m)	备注
		后视	前视	+	−		
1	BM_A	1.786		0.471		42.165	已知点
	ZD_1		1.315			42.636	
2	ZD_1	1.476			0.063		
	ZD_2		1.539			42.573	
3	ZD_2	1.717		0.420			
	ZD_3		1.297			42.993	
4	ZD_3	1.493		0.218			
	ZD_4		1.275			43.211	
5	ZD_4	1.434			0.241		
	BM_B		1.675			42.970	
	$\sum$	7.906	7.101	1.109	0.304		
计算检核	$\sum a - \sum b = +0.805$			$\sum h = +0.805$		$H_B - H_A = 0.805$	

2）水准测量的检核

在水准测量中,为了能够及时发现和纠正错误,使观测成果达到规定的精度要求,必须对水准测量进行如下检核。

（1）测站检核

在测量中,为了确保每一测站观测的高差正确无误,应对每一测站观测的高差进行检核,这种检核称为测站检核。测站检核常用的方法有双仪高法和双面尺法。

① 双仪高法

双仪高法又称为变动仪器高法,就是在同一测站用两次不同的仪器高度,两次测出高差。要求两次安置仪器的高度差应超过 10 cm,同时,若两次所测高差较差的绝对值不超过 6 mm（普通水准测量）,则取其平均值作为该测站的高差,否则,应重测。

② 双面尺法

双面尺法是保持仪器的高度不变,分别用水准尺的黑、红两面测量高差。当黑面和红面的高差较差的绝对值符合限差（见水准测量规范）的要求,则取其平均值作为该测站的高差,否则,应重测。

（2）计算检核

由表 1.2.1 知,可以对计算的高差和高程进行检核。

① 高差的计算检核

$$\sum h = \sum a - \sum b = +0.805 \text{ m}$$

$$\sum h = h_1 + h_2 + h_3 + h_4 + h_5 = +0.805 \text{ m}$$

将以上两式的计算结果比较,若结果相等,说明高差计算无误。

② 高程的计算检核

$$H_1 = H_A + h_1 = 42.636 \text{ m}$$
$$H_2 = H_1 + h_2 = 42.573 \text{ m}$$
$$H_3 = H_2 + h_3 = 42.993 \text{ m}$$
$$H_4 = H_3 + h_4 = 43.211 \text{ m}$$
$$H_B = H_4 + h_5 = 42.970 \text{ m}$$
$$H_B = H_A + h_{AB} = 42.165 + 0.805 = 42.970 \text{ m}$$

将以上两式的计算结果比较,若结果相等,说明高程计算无误。

(3) 成果检核

在水准测量中,测站检核只能检查每一测站所测高差是否正确,计算检核只能确保计算无误。但由于受观测条件的影响,随着测站数的增多,观测中不可避免地存在误差积累,就整个水准路线而言,也有可能会超过规定的限差,因此,应对整个水准路线进行成果检核。在水准测量中,沿水准路线测得的高差值与其理论值之差称为高差闭合差,一般用 f_h 表示,即

$$f_h = \sum h_测 - \sum h_理$$

由于水准路线的布设形式不同,高差闭合差的计算公式也不同,现分别予以讨论。

① 附合水准路线

$$f_h = \sum h_测 - \sum h_理 = \sum h_测 - (H_终 - H_始) \qquad (1.2-8)$$

② 闭合水准路线

$$f_h = \sum h_测 - \sum h_理 = \sum h_测 \qquad (1.2-9)$$

③ 支水准路线

支水准路线需要往返测,往返测高差的代数和理论上应等于零,但由于测量中存在误差,其代数和并不等于零,即为高差闭合差。

$$f_h = \sum h_往 + \sum h_返 \qquad (1.2-10)$$

以上各种水准路线的高差闭合差均不应超过规定的高差闭合差的容许值,否则,应进行重测。容许高差闭合差的大小与水准测量的等级有关,对不同等级的水准测量,水准测量规范对高差闭合差的容许值都做了规定。普通水准测量中,容许高差闭合差 $f_{h容}$ 按下式计算。

$$f_{h容} = \pm 40 \sqrt{L} \text{(mm)（平地)} \qquad (1.2-11)$$

$$f_{h容} = \pm 12 \sqrt{n} \text{(mm)（山地)} \qquad (1.2-12)$$

式中:L——水准路线总长度,单位为 km;

n——水准路线总测站数。

2.3.3 水准测量的注意事项

在水准测量中,为了确保观测质量,提高观测精度,避免由于人为原因而导致错误的出现,甚至造成重测,所有参与测量工作的人员都应该严格要求,注意下列问题。

1)观测者

(1)观测前,应对将要使用的水准仪和水准尺进行检验与校正。

(2)安置仪器时,应使前后视距尽量相等,符合水准测量规范的要求。

(3)仪器放在三脚架上后,应立即旋紧连接螺旋,避免仪器跌落,并做到人不离开仪器。

(4)仪器应安置在土质坚硬的地方,若在土质松软的地方安置仪器,应将三脚架踏牢,防止仪器下沉。

(5)每次读数前,必须消除视差,并使水准管气泡严格居中,方可读数,读数应仔细、迅速。

(6)测站观测结束,当记录与计算无误后,方可搬站。较近距离的搬站,应将三脚架合拢,一手托住仪器,一手抱住脚架;较远距离的搬站,仪器则必须装箱。

(7)晴天观测时,应注意撑伞保护仪器。

2)记录者

(1)听到观测者报数后,记录者应边回报数据边记录,避免听错、记错,且严禁改动原始记录。

(2)字体书写要工整、清晰。如果记录有误,不准用橡皮擦改,应在错误数据上划斜线,然后再重新记录。

(3)每测站的观测数据应当场进行计算,检核合格后,方可告知观测者搬站。

3)立尺者

(1)立尺者应选择土质坚实处立尺,在土质松软处立尺时,应使用尺垫,并将尺垫踏实。

(2)水准尺必须竖直,如果尺上有圆水准器,应使圆水准器气泡居中。

(3)在仪器搬站时,作为转点的前视尺,应注意位置不得移动。

2.4 水准测量的内业计算

水准测量的外业工作结束后,应对水准测量的观测成果进行处理,求出各待定点的高程,即进行水准测量的内业计算。现根据不同的水准路线形式,分别进行讨论。

2.4.1 附合水准路线的计算

如图 1.2.22 所示,为一附合水准路线,A、B 为已知水准点,A 点的高程为 43.254 m,B 点的高程为 45.930 m,1、2、3 点为三个高程待定点,观测成果如图所示,试计算 1、2、3 点的高程。

根据图 1.2.22,首先将测段、点名、距离和高差观测值分别填入表 1.2.2 中的第 1、2、3 和

27

4 栏,然后按照如下步骤进行计算。

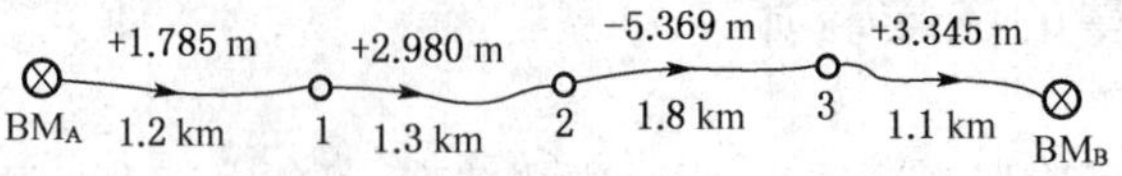

图 1.2.22　附合水准路线观测成果略图

1) 高差闭合差的计算

(1) 高差闭合差的计算

由式(1.2-8)知

$$f_h = \sum_{i=1}^{4} h_i - (H_B - H_A) = +2.741 - (45.930 - 43.254) = +65 \text{ mm}$$

(2) 容许高差闭合差的计算

由式(1.2-11)知

$$容许高差闭合差 \ f_{h容} = \pm 40\sqrt{L} = \pm 93 \text{ mm}$$

则 $|f_h| < |f_{h容}|$,因此,观测符合限差要求,可进行调整计算。

2) 高差闭合差的调整

(1) 高差改正数的计算

在同一条水准路线上,高差闭合差的调整原则是将高差闭合差按反符号与距离或测站数成正比例分配到各测段的高差中,则各测段的高差改正数 v_i 为

$$v_i = -\frac{f_h}{\sum l} \times l_i \tag{1.2-13}$$

或

$$v_i = -\frac{f_h}{\sum n} \times n_i \tag{1.2-14}$$

式中:$\sum l$——水准路线的总长度;

l_i——各测段的距离;

$\sum n$——水准路线的总测站数;

n_i——各测段的测站数。

高差闭合差的调整必须满足条件:$\sum v = -f_h$,否则,说明计算有误,应重新进行计算。

由式(1.2-13)知

$$v_1 = -\frac{f_h}{\sum l} \times l_1 = -\frac{65}{5.4} \times 1.2 = -14 \text{ mm} = -0.014 \text{ m}$$

同理

$$v_2 = -0.016 \text{ m}$$

$$v_3 = -0.022 \text{ m}$$

$$v_4 = -0.013 \text{ m}$$

检核：$\sum v = -0.065$ m $= -f_h$，改正数计算无误，将其填入表1.2.2中的第5栏。

（2）改正后高差的计算

改正后的高差 $h_{i改}$ 等于高差观测值加上高差改正数，即

$$h_{i改} = h_i + v_i \tag{1.2-15}$$

由式（1.2-15）知

$$h_{1改} = h_1 + v_1 = +1.785 - 0.014 = +1.771 \text{ m}$$
$$h_{2改} = h_2 + v_2 = +2.980 - 0.016 = +2.964 \text{ m}$$
$$h_{3改} = h_3 + v_3 = -5.369 - 0.022 = -5.391 \text{ m}$$
$$h_{4改} = h_4 + v_4 = +3.345 - 0.013 = +3.332 \text{ m}$$

检核：$\sum h_{改} = H_B - H_A = +2.676$ m，改正后的高差计算无误，将其填入表1.2.2中的第6栏。

3）待定点高程的计算

$$H_1 = H_A + h_{1改}$$
$$= 43.254 + 1.771 = 45.025 \text{ m}$$

同理

$$H_2 = H_1 + h_{2改} = 47.989 \text{ m}$$
$$H_3 = H_2 + h_{3改} = 42.598 \text{ m}$$

检核：$H_{B算} = H_3 + h_{4改} =$ 已知，高程的计算无误，将其填入表1.2.2中的第7栏。

表 1.2.2　水准测量成果计算表

测段	点名	距离（km）	高差（m）	改正数（m）	改正后的高差（m）	高程（m）	备注
1	2	3	4	5	6	7	8
1	BM_A	1.2	+1.785	−0.014	+1.771	43.254	
2	1	1.3	+2.980	−0.016	+2.964	45.025	
3	2	1.8	−5.369	−0.022	−5.391	47.989	
4	3	1.1	+3.345	−0.013	+3.332	42.598	
$\sum$	BM_B	5.4	+2.741	−0.065	+2.676	45.930	
辅助计算	$f_h = \sum_{i=1}^{4} h_i - (H_B - H_A) = +65$ mm　$f_{h容} = \pm 40\sqrt{L} = \pm 93$ mm $\quad v_i = -\dfrac{f_h}{\sum l} \times l_i$						

2.4.2　闭合水准路线的计算

如图 1.2.23 所示,为一闭合水准路线,已知水准点 A 的高程为 43.265 m,1、2、3 点为三个高程待定点,各测段高差观测值及其测站数如图所示,试计算 1、2、3 点的高程。

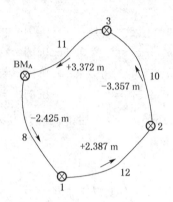

图 1.2.23　闭合水准路线观测成果略图

闭合水准路线的内业计算步骤与附合水准路线基本相同,首先根据图 1.2.23 将测段、点名、测站数和高差观测值分别填入表 1.2.3 中的第 1、2、3 和 4 栏,然后进行计算。计算中,只有高差闭合差的计算公式不同,其他均相同。图 1.2.23 的计算结果见表 1.2.3。

表 1.2.3　闭合水准路线高差闭合差调整与高程计算表

测段	点名	测站数	高差（m）	改正数（m）	改正后的高差(m)	高程（m）	备注
1	2	3	4	5	6	7	8
1	BM$_A$	8	−2.425	+0.004	−2.421	43.265	
	1					40.844	
2		12	+2.387	+0.007	+2.394		
	2					43.238	
3		10	−3.357	+0.006	−3.351		
	3					39.887	
4		11	+3.372	+0.006	+3.378		
	BM$_A$					43.265	
Σ		41	−0.023	+0.023	0		
辅助计算							

$$f_h = \sum h_{测} = -23 \text{ mm} \qquad f_{h容} = \pm 12\sqrt{41} = \pm 77 \text{ mm}$$

$$v_i = -\frac{f_h}{\sum n} \times n_i$$

2.4.3 支水准路线的计算

如图 1.2.24 所示,为一支水准路线,已知水准点 A 的高程为 43.754 m,对水准路线进行了往、返观测,高差观测值及其距离如图所示,试计算 1 点的高程。

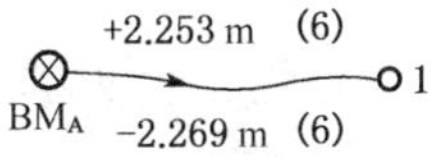

$$+2.253\ \text{m}\quad(6)$$

$$\otimes\ \longrightarrow\ \circ\ 1$$

$$\text{BM}_A\quad -2.269\ \text{m}\quad(6)$$

图 1.2.24 支水准路线观测成果略图

1）高差闭合差的计算

（1）高差闭合差的计算

由式(1.2-10)知

$$f_h = \sum h_往 + \sum h_返 = -0.016\ \text{m} = -16\ \text{mm}$$

（2）容许高差闭合差的计算

由式(1.2-11)知

$$f_{h容} = \pm 12\sqrt{n} = \pm 42\ \text{mm}$$

则 $|f_h| < |f_{h容}|$,因此,观测符合限差要求,可进行下一步的计算。计算时应注意,容许高差闭合差的计算中水准路线长度按单程计算。

2）高差平均值的计算

支水准路线取往、返测高差的平均值作为最终的高差值,高差的符号应以往测为准,即

$$h = \frac{1}{2}(h_往 - h_返) \qquad (1.2-16)$$

由式(1.2-16)知

$$h = \frac{1}{2}(+2.253 + 2.269)$$

$$= +2.261\ \text{m}$$

3）待定点高程的计算

$$H_1 = H_A + h$$

$$= 43.754 + 2.261$$

$$= 46.015\ \text{m}$$

2.5 微倾式水准仪的检验与校正

2.5.1 水准测量的误差分析

在水准测量中,由于受到仪器误差、观测误差和外界环境的影响,必然使观测结果产生误差。为了减小误差对观测结果的影响,提高观测的精度,则应根据误差产生的原因,分析误差及其对观测结果的影响规律,以采取相应措施,减小或消除误差对观测结果的影响。

1)仪器误差

仪器误差主要是指水准仪经检验校正后的残余误差和水准尺误差。

(1)仪器检校后的残余误差

在水准测量作业之前,应对水准仪进行检验与校正,虽经校正但仍然会残存少量误差。水准仪经检验与校正后的残余误差,主要表现为水准管轴与视准轴不平行,这种误差的影响与距离成正比,观测时只要保证前、后视距大致相等,便可消除或减弱此项误差的影响。

(2)水准尺误差

由于水准尺的刻划不准确,尺长变化和尺子弯曲等,都会影响水准测量的精度。因此,水准尺需经过检验符合要求后才能使用。此外,由于尺子长期使用,有些尺子的底部磨损,存在零点误差,也会影响水准测量的精度。对于零点误差,可通过在一测段中设置偶数测站的方法予以消除。

2)观测误差

(1)水准管气泡居中误差

在微倾式水准仪操作中,是通过水准管的精平,使视准轴水平进行读数的。如果水准管气泡没有精确居中,从而引起视准轴倾斜产生误差。水准管气泡居中误差与水准管的分划值和视线长度有关,采用附合式水准器,气泡居中精度可提高一倍。若气泡居中误差用 m_τ 表示,则可按下式计算。

$$m_\tau = \pm \frac{\tau}{20\rho}D \qquad (1.2\text{-}17)$$

式中：τ——水准管分划值；

D——水准仪到水准尺的距离。

例如,水准管分划值为 $20''/2\ mm$,视线长度为 $100\ m$,则 m_τ 为 $0.5\ mm$。因此,在每次读数前、后瞬间均应使水准管气泡居中,以确保读数时视准轴是水平的。

(2)视差的影响

观测时,由于调焦不当,造成水准尺影像与十字丝分划板平面不重合,即存在视差,这时若眼睛观察的位置不同,便读出不同的读数,会对读数产生影响。因此,观测时应仔细调焦,严格消除视差。

（3）读数误差

在水准尺上估读毫米数的误差与人眼的分辨率、望远镜的放大倍数以及视线长度有关,若读数误差用m_v表示,则可按下式计算。

$$m_v = \pm \frac{60''}{\nu} \times \frac{D}{\rho}$$ (1.2-18)

式中:ν——望远镜的放大倍数;

$60''$——人眼的极限分辨率;

D——水准仪到水准尺的距离。

上式说明,视距越大,读数误差越大。因此,在水准测量中应严格按照水准测量的等级规范规定执行,避免视距过大,以保证估读精度。

（4）水准尺倾斜误差

在水准测量时,若水准尺竖立不直,不论水准尺向前还是向后倾斜,都将使读数增大,产生误差。而且,视线越高,水准尺倾斜所引起的误差越大。因此,立尺员应尽量使水准尺竖直。

3）外界条件的影响

（1）仪器下沉

当仪器安置在松软的地面上时,仪器会慢慢下沉,导致后视与前视读数的视线高不同,引起高差误差。因此,为了减小仪器下沉的影响,在松软的地面上安置仪器时,应将脚架踏实或采用适当的观测程序,若采用"后、前、前、后"的观测顺序可减弱其影响。

（2）尺垫下沉

当尺垫放置在土质较松软的地面上时,也会引起尺垫的下沉。由于尺垫通常作为转点,其下沉将使下一测站的后视读数增大,造成高差传递误差。因此,实际测量时,应将转点设在土质坚硬的地方或将尺垫在地面上踩实,使其稳定不动。此外,采取往返取中数的方法,可减少其影响。

（3）地球曲率和大气折光的影响

在水准测量时,由于用水平面代替大地水准面在水准尺上读数而产生误差,也就是地球曲率对测量高差产生影响,一般常用c表示,其产生的影响为

$$c = \frac{D^2}{2R}$$ (1.2-19)

式中:D——水准仪到水准尺的距离;

R——地球的近似半径,其值为6 371 km。

由于地面大气密度的不均匀,视线通过不同密度的大气时会产生折射,折射使得水准仪本应水平的视线成为一条曲线,这就是大气折光的影响,一般常用γ表示,其产生的影响为

$$\gamma = -\frac{1}{7} \times \frac{D^2}{2R}$$ (1.2-20)

则地球曲率和大气折光对测量高差的综合影响为

$$f = c + \gamma$$ (1.2-21)

即
$$f = c + \gamma = \frac{D^2}{2R} - \frac{1}{7} \times \frac{D^2}{2R} = 0.43 \frac{D^2}{R}$$

在测量时,采用前、后视距相等的方法,通过高差计算可消除或减弱两者的综合影响。

（4）温度影响

温度的变化不仅引起大气折光的变化,而且仪器受到烈日的照射,会引起水准管气泡的偏移,影响仪器的精平,从而产生气泡居中的误差。因此,观测时应注意撑伞遮阳,避免阳光直接照射。

2.5.2 微倾式水准仪应满足的几何条件

如图 1.2.25 所示,微倾式水准仪的四条主要轴线是视准轴 CC、水准管轴 LL、圆水准器轴 $L'L'$ 和仪器竖轴 VV。

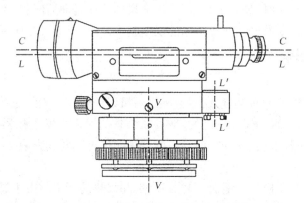

图 1.2.25 微倾式水准仪的主要轴线

根据水准测量的原理可知,水准仪必须提供一条水平视线,为此其主要轴线间应满足如下的几何条件:

（1）圆水准器轴平行于竖轴。

（2）十字线横丝垂直于竖轴。

（3）水准管轴平行于视准轴。

这些条件在仪器出厂时都是满足的,由于仪器长期使用以及受搬运中震动等因素的影响,各轴线之间的几何关系可能会发生变化,因此,为了保证水准测量的质量,在使用前应对仪器进行检验与校正。

2.5.3 微倾式水准仪的检验与校正方法

1）圆水准器的检验与校正方法

（1）检验目的

使圆水准器轴平行于仪器竖轴,即 $L'L' /\!/ VV$。

（2）检验方法

将仪器安置于三脚架上,转动脚螺旋使圆水准器气泡居中,然后将望远镜在水平方向旋转

180°,若气泡仍然居中,如图1.2.26(a)所示,说明条件满足;否则,如图1.2.26(b)所示,说明条件不满足,需要校正。

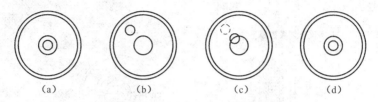

图 1.2.26　圆水准器的检验与校正

（3）校正方法

转动脚螺旋使气泡向中间移动偏离量的一半,如图1.2.26(c)所示,气泡由虚线位置移动到实线位置;然后,松开圆水准器背面的固定螺丝,如图1.2.27所示,用校正针拨动圆水准器的三个校正螺旋,使气泡移动到完全居中的位置,如图1.2.26(d)所示。此项校正需反复进行,直到仪器旋转到任何位置圆水准气泡都居中为止。

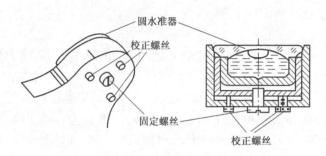

图 1.2.27　圆水准器的校正

2）望远镜十字丝横丝的检验与校正方法

（1）检验目的

使十字丝横丝垂直于仪器竖轴,即当仪器竖轴竖直时,横丝应处于水平。

（2）检验方法

在仪器整平后,用十字丝中丝的一端瞄准墙上一固定点 P,如图1.2.28(a)所示,转动水平微动螺旋,如果 P 点沿着中丝移动,如图1.2.28(b)所示,说明条件满足;如果 P 点偏离了中丝,如图1.2.28(c)、(d)所示,说明条件不满足,需要校正。

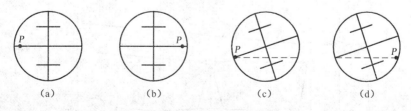

图 1.2.28　十字丝的检验

（3）校正方法

由于十字丝装置的形式不同,校正方法也不尽相同。如图1.2.29所示的形式,先卸下目镜上的十字丝护罩,用螺丝刀松开十字丝分划板上的四个固定螺丝,然后按横丝倾斜的反方向微微转动十字丝环,使 P 点的运动轨迹始终沿着中丝,最后再旋紧固定螺丝。此项检校也需反复进行,直到满足条件为止。

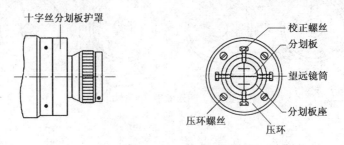

图 1.2.29　十字丝校正装置

3)水准管轴的检验与校正方法

（1）检验目的

水准管轴平行于视准轴,即 $LL /\!/ VV$。

（2）检验方法

如图 1.2.30 所示,在平坦的地面上选择相距约 80 m 的 A、B 两点,各打一木桩或放置一尺垫,并在各点竖立水准尺。将水准仪安置在离两点等距离的 C 点处,精平仪器后,分别读取 A、B 两点水准尺的读数并记为 a_1 和 b_1,则 $h_{AB} = a_1 - b_1$,若水准管轴不平行于视准轴,二者在竖直面内形成的夹角称为 i 角,由其所引起的误差称为 i 角误差,即此时 i 角误差存在,分别引起的读数误差为 Δa 和 Δb,由于水准仪位于 A、B 两点的中间,即 $AC = BC$,则两尺上产生的读数误差相等,即 $\Delta a = \Delta b = \Delta$,则

$$h_{AB} = (a_1 - \Delta) - (b_1 - \Delta) = a_1 - b_1$$

这说明无论水准管轴与视准轴水平与否,只要将仪器安置在距两水准尺等距离处,测得的高差均不受 i 角的影响,即高差均是正确的。将水准仪搬到距离 A 点约 2 m 处,精平仪器后,分别读取 A、B 两点水准尺的读数并记为 a_2 和 b_2。由于仪器距离 A 点很近,可认为读数 a_2 不受 i 角的影响。根据读数 a_2 和已测的高差 h_{AB},可计算出 B 点水准尺上视线水平时的应有读数 b_2',即

$$b_2' = a_2 - h_{AB}$$

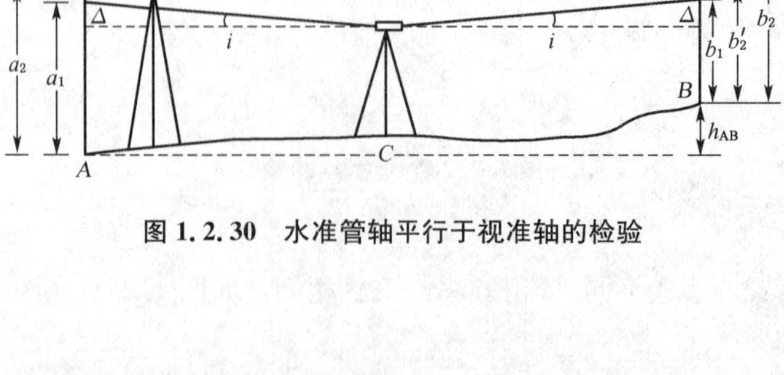

图 1.2.30　水准管轴平行于视准轴的检验

然后,比较实际的读数 b_2 与 b_2' 是否相等。若 $b_2 = b_2'$,说明条件满足;否则,说明条件不满足,即 i 角存在,则 i 角的大小为

$$i = \frac{b_2 - b_2'}{D_{AB}} \times \rho \quad\quad (1.2\text{-}22)$$

式中:D_{AB}——A、B 两点间的距离;

$\rho = 206\,265''$。

对于 DS$_3$ 型微倾式水准仪而言,当 $i > 20''$ 时,需要校正。

(3) 校正方法

保持仪器的位置不动,转动微倾螺旋,使 A 点水准尺的读数由 a_2 调为 a_2',此时视准轴水平了,但水准管气泡不再居中。如图 1.2.31 所示,拨动水准管一端的上、下两个校正螺丝,先松后紧,使水准管气泡居中。此项检校须反复进行,直到满足条件为止。

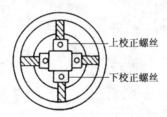

图 1.2.31 水准管的校正

2.6 其他水准仪的介绍

2.6.1 自动安平水准仪

在水准测量中,为了获得一条水平视线,使用微倾式水准仪进行操作时,必须通过旋转微倾螺旋使附合水准管气泡居中,而水准管的精平操作必须十分谨慎,这必然会对水准测量的速度和精度均产生影响。为了提高观测的效率,人们研制出一种可以自动精确安平的水准仪,称为自动安平水准仪。自动安平水准仪由于其操作比较简便,目前,广泛应用于各项工程建设的测量工作中。

1) 自动安平水准仪的构造与测量原理

(1) 自动安平水准仪的构造

自动安平水准仪的结构特点是没有管水准器和微倾螺旋,它是在水准仪的视准轴有稍微倾斜时通过一个自动补偿装置使视线水平的。如图 1.2.32 所示,为苏州一光生产的 NAL224 自动安平水准仪,其主要由带补偿器的望远镜、微动装置、圆水准器、基座及度盘等组成。补偿器采用 X 型(中心对称交叉)吊丝结构及空气阻尼器,补偿范围不大于 15′。仪器采用摩擦制动,水平微动采用无限微动机构,微动手轮安排在两侧便于操作。仪器上的度盘具有测量角度

的功能。其他的结构和功能与微倾式水准仪基本相同。

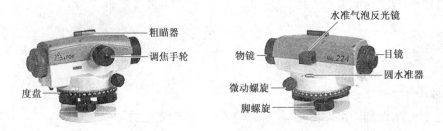

图 1.2.32　自动安平水准仪

（2）自动安平水准仪的测量原理

如图 1.2.33 所示，自动安平水准仪的测量原理是：当视准轴倾斜了一个小角度 α 时，若按视准轴读数则为 a'，显然不是水平视线读数 a。为了使十字丝中丝的读数仍为 a，在望远镜的光路中安置一补偿器，使通过物镜光心的水平视线经过补偿器后偏转一角度 β，仍通过十字丝的交点，即读数仍为 a。

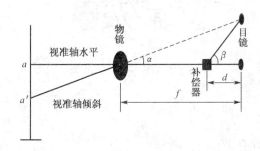

图 1.2.33　自动安平水准仪的安平原理

为了使补偿器达到补偿的目的，补偿器必须满足下列几何条件：

$$f \cdot a = d \cdot \beta \qquad (1.2\text{-}23)$$

式中：f——物镜到十字丝的距离；

　　d——补偿器到十字丝的距离。

2）自动安平水准仪的基本操作

自动安平水准仪的操作方法与微倾式水准仪的基本相同，只是没有精平操作，其主要操作步骤为安置仪器、粗略整平、瞄准水准尺和读数。对于带检查按钮的自动安平水准仪，在读数前应检查补偿器，检查的方法是在圆水准器气泡居中时瞄准一水准尺，把检查按钮按到底并马上放掉，同时观察水准尺，若水准尺像摆动后横丝回复原位，则补偿器处于正常状态，视线水平，否则，表明超出补偿工作范围，必须重新整平仪器，使圆水准器气泡居中。

2.6.2　电子水准仪

电子水准仪又称为数字水准仪，是在自动安平水准仪的基础上发展起来的，是现代微电子技术和传感器工艺发展的产物，其利用影像处理技术，实现了水准测量数据采集、处理和记录的自动化。电子水准仪具有测量速度快、操作简便、读数客观、精度高、测量数据便于输入计算机和易于实现水准测量内外业一体化等优点,减轻了人们的作业劳动强度,是对传统几何水准测量技术的突破,代表了现代水准仪和水准测量技术的发展方向。但是,由于其价格昂贵,目前难以普及。

1) 电子水准仪的构造与测量原理

(1) 电子水准仪的构造

电子水准仪是在仪器望远镜光路中增加了分光镜和光电探测器等部件,采用条码水准尺和图像处理电子系统构成光、机、电及信息存储与处理的一体化水准测量系统。其光学系统和机械系统的部分结构与自动安平水准仪基本相同。图 1.2.34 所示为索佳 SDL30M 电子水准仪,其主要由望远镜、水准器、自动补偿系统、计算存储系统、显示窗、操作键和基座等组成。

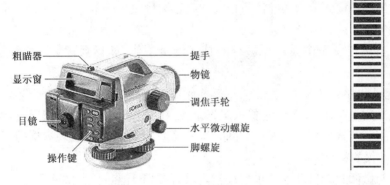

图 1.2.34　索佳 SDL30M 电子水准仪　　　　图 1.2.35　标尺

专用条码水准尺(标尺)多采用玻璃钢或铟瓦合金钢条材料制成,编码标尺的图像如图 1.2.35 所示,由宽窄不同和间隔不等的条码组成。目前各厂家生产的标尺编码的条码图案不相同,不能互换使用。

(2) 电子水准仪的测量原理

电子水准仪与传统水准仪的不同之处主要在于 CCD 摄像及编码图像识别处理系统和相应的编码水准尺。电子水准仪的测量原理是标尺的条码像经望远镜、调焦镜、补偿器的光学零件和分光镜后,分成两路,一路成像在分划板上,供目视观测,另一路成像在 CCD 线阵上,用于进行光电转换。经光电转换、整形后再经过模数转换,输出数字信号被送到微处理器进行处理和存储,并与机器内已存储的条码信息进行比较,即可以获得标尺中丝读数和前后视距离等数据,如图 1.2.36 所示。

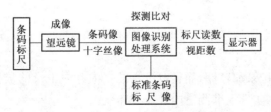

图 1.2.36　电子水准仪的测量原理

2）电子水准仪的基本操作与特点

（1）电子水准仪的基本操作

电子水准仪的主要操作步骤为：

① 安置仪器

电子水准仪的安置与普通水准仪相同。

② 整平仪器

电子水准仪的整平与普通水准仪相同，即通过调节基座上的三个脚螺旋使圆水准器的气泡居中。

③ 调焦与照准

电子水准仪的调焦与照准与普通水准仪的瞄准水准尺相同。

④ 选择操作模式

电子水准仪的操作模式分为高差测量模式和高程测量模式等。

⑤ 基本操作

基本操作是指在相应操作模式下进行的具体测量工作，如标尺读数、高差或高程的计算等。

⑥ 数据的记录和存储

根据实际水准测量工作的需要，选择人工记录或自动记录。选择人工记录时，可直接从显示窗获取所需数据。当选择自动记录，即存储时，需要进行存储设置，实现数据的存储。

（2）电子水准仪的特点

电子水准仪与微倾式和自动安平水准仪相比，具有如下优点：

① 操作简便

较少的操作键，结合自动读数功能大大地简化了测量过程。

② 自动读数

只需照准专用的条形码标尺，便可进行自动读数和测量。

③ 大显示屏

电子水准仪采用的大显示屏，使得信息的显示和阅读以及菜单的使用都十分便利。

④ 作业效率高

人们只要照准标尺，按动测量键，电子水准仪便可自动读数，提高了测量的速度和工作效率，减轻了工作强度。

⑤ 读数客观

不存在误读、误记等人为误差的影响。

⑥ 精度高

由于采用条形码分划图像经处理后取平均得出来的，削弱了标尺分划误差的影响。

⑦ 自动记录、存储和输出

实现了数据的自动记录和存储，而且电子水准仪内存中记录的数据可以输出到与之相连的计算机或电子手簿内，实现水准测量内外业一体化。

⑧ 超强的辅助功能

电子水准仪通常内装用户测量程序、视准差检测改正程序及水准网平差程序等。

思考与讨论

1. 简述水准测量的原理。

2. 设 A 点为后视点，B 点为前视点，A 点的高程为 42.367 m。若后视读数为 1.754 m，前视读数为 1.129 m，问 A、B 两点间的高差是多少？B 点比 A 点高还是低？B 点的高程是多少？

3. 简述水准仪的主要部件及其作用。

4. 什么是视差？视差产生的原因是什么？怎样消除视差？

5. 什么是水准点？什么是转点？转点有什么作用？

6. 如图 1.2.37 所示，为一附合水准路线，观测成果如图所示，求 1、2、3 各点的高程。

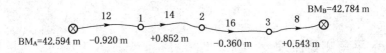

图 1.2.37　附合水准路线高程成果略图

7. 如图 1.2.38 所示，为一闭合水准路线，已知 A 点的高程为 42.384 m，观测成果如图所示，求 1、2、3 各点的高程。

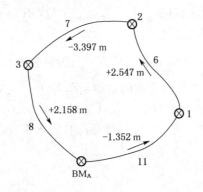

图 1.2.38　闭合水准路线观测成果略图

8. 什么是高差闭合差？根据不同的水准路线写出高差闭合差的计算公式。

9. 水准仪有哪些轴线？它们之间应满足什么条件？怎样进行检验与校正？

10. 水准测量的误差来源有哪些？保持前、后视距相等可以消除或减少哪些误差的影响？

任务3　角度测量

学习目标

● 熟知角度测量的原理及光学经纬仪的使用方法；

● 掌握经纬仪角度测量的方法和步骤；

● 熟知垂直角观测、计算的方法;

● 具备能用经纬仪或全站仪完成水平角和垂直角的观测、记录和计算的能力。

任务内容

本任务主要介绍了角度测量的方法。主要内容包括水平角和垂直角测量原理,DJ₆型光学经纬仪的使用,水平角和垂直角的观测、计算方法。

3.1 角度测量的基本原理

3.1.1 水平角测量原理

水平角是指地面一点到两个目标点连线在水平面上投影的夹角,它也是过两条方向线的铅垂面所夹的两面角。

如图 1.3.1 所示,为了测出水平角 β,在 O 点铅垂线上水平地放置一个带有刻度的圆盘,并使水平度盘中心在通过 O 点的铅垂线上。通过 OA 与 OB 各作一个竖直面,在水平度盘上分别截得读数为 a 和 b,则该水平角的角值为

$$\beta = 左边目标读数 b - 右边目标读数 a \qquad (1.3\text{-}1)$$

若 $b < a$,则应在 b 上加 $360°$,水平角的角值范围为 $0° \sim 360°$。

由上述原理得知,测量水平角的仪器必须具备以下条件:有一个水平度盘,其中心位于测站的铅垂线上,且能使度盘水平;有一个能瞄准目标且能水平转动又能竖直转动的望远镜。

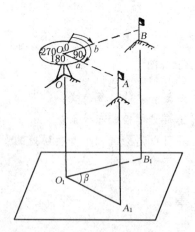

图 1.3.1　水平角测量原理

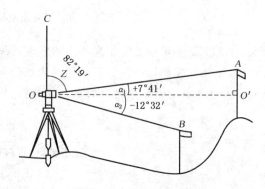

图 1.3.2　竖直角测量原理

3.1.2 竖直角观测原理

竖直角是指在同一竖直面内,视线与水平线的夹角。视线在水平线的上方称仰角,值为

正;视线在水平线的下方称俯角,值为负。如图 1.3.2 所示。

为了测量竖直角,测量竖直角的经纬仪应在铅垂面内安装一个圆盘,称为竖直度盘或竖盘。竖直角也是两个方向在竖盘上的读数之差,与水平角不同的是,其中有一个是水平方向。水平方向的读数可以通过竖盘指标管水准器或者竖盘指标自动补偿装置来确定。经纬仪设计时,一般视线水平时竖盘读数为 0°或 90°的倍数,测量竖直角时,只要瞄准目标,读出竖盘读数并减去仪器视线水平时的竖盘读数就可以计算出视线方向的竖直角。

3.2 DJ$_6$ 光学经纬仪

国产光学经纬仪按测角精度,可分为 DJ$_{07}$、DJ$_1$、DJ$_2$、DJ$_6$ 和 DJ$_{15}$ 等型号。其中"D"、"J"分别为"大地测量"和"经纬仪"的汉字拼音第一个字母,下标数字 07、1、2、6、15 表示仪器的精度等级,即一测回方向观测中误差的秒数。

3.2.1 DJ$_6$ 光学经纬仪构造

图 1.3.3 为 DJ$_6$ 型光学经纬仪,主要由基座、水平度盘和照准部三部分组成,其各部件的作用说明如下。

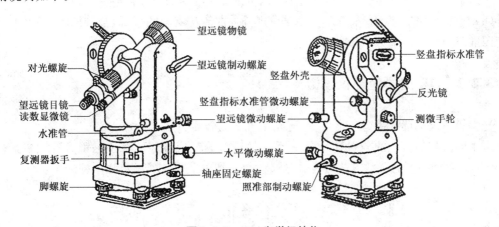

图 1.3.3 DJ$_6$ 光学经纬仪

1)基座

基座用于支撑整个仪器,并借助中心螺旋使经纬仪和脚架结合。基座上有三个脚螺旋,用于整平仪器。首先根据基座上的圆水准器粗平,然后根据照准部上的水准管精平。轴座连接螺旋拧紧后,可将照准部固定在基座上。使用仪器时切勿松动该螺旋,以免照准部与基座分离而脱落。

2)水平度盘

水平度盘是由光学玻璃制成的圆环,环上刻有 1°或 30′或 20′的刻度,从 0°～360°,按顺时针方向注记度数,用来测量水平角。复测盘是金属圆环,它和水平度盘一同固定在度盘轴套上,套在轴套的外面,可绕竖轴套旋转。水平度盘一般是不转动的,在复测经纬仪中可利用复测器扳手来控制水平度盘与照准部的离合关系,可将水平度盘读数配置到所需要的位置。当复测器扳手扳下时,照准部带动水平度盘一起转动,这时水平度盘读数不变;当复测器扳手扳上时,水平度盘与照准部分离,照准部转动时水平度盘不动,因而水平度盘读数随照准部的旋转而变动。

方向经纬仪没有复测器,但装有拨盘装置。其使用水平度盘位置变换手轮,将水平度盘读数配置到所需位置。

3)照准部

绕竖轴水平旋转部分称为照准部,它由望远镜、竖盘、光学读数显微镜、水准管、竖轴等组成。

(1)望远镜 望远镜是用于精确瞄准目标的设备。它和竖轴垂直连在一起,安置在支架上,可绕横轴在竖直面内做俯仰转动,为了控制望远镜的俯仰,在支座一侧装有制动螺旋和微动螺旋。

(2)竖盘 竖盘是用来测定竖直角的装置,竖盘固定在横轴的一端,随望远镜同步转动。竖盘的指标水准管安置在支架上。

(3)光学读数显微镜 光学读数显微镜是用来读取水平度盘和竖直度盘的读数设备,它装在望远镜的一侧。

(4)水准管 水准管是指示仪器是否水平的部件,可用来精确整平仪器。

(5)竖轴 照准部的旋转轴称为仪器的竖轴,常装在支架的下部,竖轴插入竖轴轴套内,可使照准部绕轴做水平方向转动。

3.2.2 DJ$_6$ 光学经纬仪读数

光学经纬仪的读数装置包括度盘、光路系统和测微器。

水平度盘和竖盘上的分划线,通过一系列棱镜和透镜成像显示在望远镜旁的读数显微镜内。DJ$_6$ 光学经纬仪的读数方法分为分微尺读数法和单平板玻璃读数法两种。

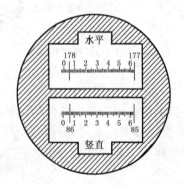

图 1.3.4 DJ$_6$ 光学经纬仪读数窗

1）分微尺测微器读数法

分微尺测微器的结构简单,读数方便,具有一定的读数精度,应用较为广泛。从这种类型的读数显微镜中可以看到两个读数窗,如图 1.3.4 所示,上面的窗格是水平度盘及其分微尺的影像,下面的窗格是竖盘及其分微尺的影像。分微尺分成 60 等份,其最小格值为 1′,可估读到格值的 1/10,即 6″。读数时,以分微尺上的零刻度线为指标。读数由落在分微尺上的度盘分划刻度的注记读出,小于 1° 的数值由分微尺上读出,即分微尺零刻度线至该度盘刻度线间的角值。图 1.3.4 中,落在分微尺上的水平度盘刻划线的注记为 178°,该刻划线在分微尺上的读数从分微尺的零刻划线算起为 04′30″,所以水平度盘的读数应为 178°04′30″。同理,竖直度盘的读数为 86°06′18″。

2）单平板玻璃测微器读数法

单平板玻璃测微器读数装置主要由平板玻璃、测微轮、测微分划尺和传动装置组成。图 1.3.5 为测微装置原理图,当测微分划尺读数为零时,平板玻璃的底面水平,光线垂直通过平板玻璃,度盘分划尺的影像不改变原来位置,这时在读数窗上的双指标划线读数为 92°+α,如图 1.3.5(a)所示,测微尺上单指标线读数为 12′;当转动测微轮时,平板玻璃转动一个角度后,如果度盘刻划线的影像正好平移一个 α 值,使 92° 刻划线的影像夹在双指标线的中间,这个移动量 α 可在同轴转动的测微分划尺上读出 17′30″,如图 1.3.5(b)所示,取二者之和为 92°17′30″。

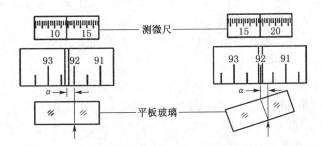

图 1.3.5　单平板玻璃测微器读数示例

图 1.3.6 是从读数显微目镜中同时看到的上、中、下 3 个读数窗,上部是测微分划尺影像,中部是竖直度盘影像,下部是水平度盘影像。度盘刻划线每度有一注记,从 0°～360°,每度又

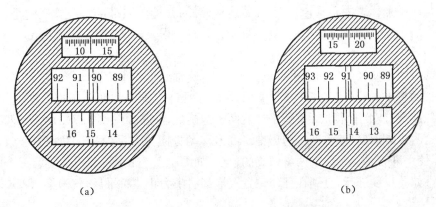

(a)　　　　　　　　　　　　(b)

图 1.3.6　单平板玻璃测微器读数窗

等分两格,则度盘格值为30′。测微分划尺等分30大格,每5个大格有一个注记,从0′～30′;每一个大格又分3个小格,每小格为20″,可估读到0.1(2″)。读数时,应先转动测微轮,使度盘某刻划线精确夹在某指标线的中间,先读取度盘上该刻线的读数,再由单指标线在测微分划尺上读取小于度盘格值的分秒数,取二者之和即为度盘读数。如图1.3.6(b)所示,竖直度盘读数为$91°+18′06″=91°18′06″$;如图1.3.6(a)所示,水平度盘读数为$15°+12′00″=15°12′00″$。

3.2.3 经纬仪的操作

用经纬仪观测水平角时,基本操作步骤包括:安置仪器、照准目标和读数。

(1)安置经纬仪

将仪器安置在待测角的顶点上,该点称为测站点。将经纬仪安置在测站点,包括对中和整平两项工作。

① 对中

对中的目的是使经纬仪的中心与测站点标志中心位于同一条铅垂线上,根据对中设备和精度要求不同,可使用垂球对中安置和光学对中器安置。

使用垂球对中时,先打开三脚架,置于测站点上,使高度适中,目估架头水平,并使架头中心大致对中测站点标志。然后在连接螺旋下方悬挂垂球,使连接螺旋位于架头中心,进行粗略对中,若偏差较大,可平移脚架使垂球大致对准测站点。踩紧三脚架后,装上仪器,稍紧连接螺旋,在架头上移动仪器基座,进行精密对中,直至垂球尖准确地对准测站点标志中心,再拧紧连接螺旋。垂球对中误差一般不超过±3 mm。

在有风的时候,用垂球对中比较困难,可使用光学对中器对中。光学对中器是一个小型外调焦望远镜,一般安置在照准部上。对中器的刻划圈中心与物镜光心的连线,成为光学对中器的视准轴。当照准部水平时,对中器视准轴经棱镜转向90°后的光学垂线与仪器竖轴中心重合。因此,用光学对中器进行对中时,应与仪器整平交替进行,这两项工作相互影响,直到对中和整平均满足要求为止。为此,将三脚架安置于测站点上,目估水平、对中,装上仪器整平后,先调节对中器的目镜,使分划板清晰;调节目镜筒,使测站点标志影像清楚。如果点位偏离较大,可平移三脚架。经粗略对中后,踩紧三脚架;再整平仪器,在架头上平移基座,使对中器刻划圈中心与测站点标志中心重合,然后拧紧连接螺旋,并检查照准部水准管气泡是否居中,如果气泡没有居中,再次整平、对中,反复进行调整。对中误差一般不超过±1 mm。

② 整平

整平的目的是使经纬仪的水平度盘置于水平,竖轴处于铅垂位置。

经纬仪的整平,是利用基座的3个脚螺旋使照准部水准管在两个正交方向上气泡居中。应先转动照准部,使照准水准管平行于任意两个螺旋的连线,如图1.3.7(a)所示,两手以相对方向旋转这两个脚螺旋,使水准气泡居中。气泡移动方向与左手拇指运动方向一致。然后转动照准部,使水准管垂直于原来两脚螺旋的连线,如图1.3.7(b)所示,再旋转第三个脚螺旋使气泡居中。如此反复进行,直到在任何位置气泡都居中为止。整平后,气泡偏离零点不得超过1格。

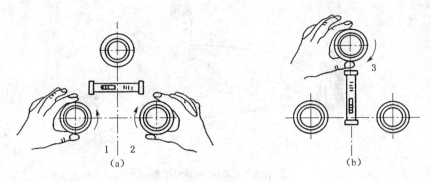

图 1.3.7　照准部水准管整平

（2）照准目标

经纬仪安置完毕，将望远镜指向天空或白色墙壁（注意不要对向太阳），进行目镜调焦，使十字丝成像清晰。利用望远镜上的粗瞄器使目标位于望远镜的视场内，旋转制动螺旋，转动物镜调焦螺旋使目标清晰，旋转水平微动螺旋和望远镜微动螺旋，精确瞄准目标，如图 1.3.8(b)所示。

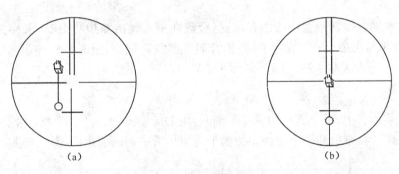

图 1.3.8　瞄准照准标志

（3）读数

读数时先打开度盘照明反射镜，调整反光镜的开度和方向，使读数窗亮度适中，旋转读数显微镜的目镜使刻划线清晰，然后读数。

3.3　水平角的观测

水平角的常用测量方法有测回观测法和方向观测法。

3.3.1　测回法

测回法用于观测两个方向之间的水平角，如图 1.3.9 所示，要测量 OA、OB 两个方向间的水平角 β，在 O 点安装好经纬仪后，观测 $\angle AOB$。

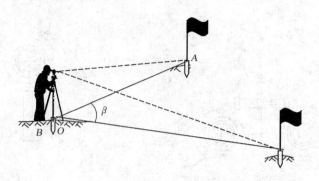

图 1.3.9　测回法测水平角

测回法的步骤：

(1) 将经纬仪安置在测站点 O，对中、整平。

(2) 盘左观测。置望远镜于盘左位置（竖盘在望远镜的左边称盘左，又称正镜），精确瞄准左目标 A 读取读数 $a_左$，记入观测手簿；松开照准部制动螺旋，顺时针旋转望远镜，瞄准目标 B，读取读数 $b_左$，记入观测手簿。以上称为上半测回，其角值按式(1.3-2)计算，即

$$\beta_左 = b_左 - a_左 \qquad (1.3-2)$$

(3) 盘右观测。倒转望远镜成盘右位置（竖盘在望远镜的右边称盘右，又称倒镜）精确瞄准右目标 B 读取读数 $b_右$，记入观测手簿；松开照准部制动螺旋，逆时针旋转望远镜，瞄准目标 A，读取读数 $a_右$，记入观测手簿。以上称为下半测回，其角值为

$$\beta_右 = b_右 - a_右 \qquad (1.3-3)$$

(4) 取平均值。上、下半测回构成一个测回，用 DJ$_6$ 型光学经纬仪观测，两个半测回之差 $\beta_左 - \beta_右 \leqslant \pm 40''$ 时，则取两个半测回角值的平均值作为一测回的角值，即

$$\beta = \frac{1}{2}(\beta_左 + \beta_右) \qquad (1.3-4)$$

当测角精度要求较高时，需对一个角度观测多个测回。为了减少度盘分划刻度误差的影响，各测回间应根据测回数 n，按 $180°/n$ 变换水平度盘位置。如若观测 3 个测回，则第一个测回的起始方向读数可安置在 $0°$ 附近略大于 $0°$ 处（用度盘变换轮或复测器扳手调节），第二测回起始方向读数应安置在略大于 $180°/3 = 60°$ 处，第三测回则略大于 $120°$ 位置。对于 DJ$_6$ 光学经纬仪，各测回角值之差应不超过 $\pm 40''$。

表 1.3.1 为测回法观测记录。

表 1.3.1　测回法观测手簿

测站	竖盘位置	目标	水平度盘读数 ° ′ ″	半测回角值 ° ′ ″	一测回角值 ° ′ ″	各测回平均值 ° ′ ″	备注
第一测回	左	A	00 00 26	85 25 40	85 25 45	85 25 47	
		B	85 26 06				
	右	A	265 26 12	85 25 50			
		B	180 00 22				

续表 1.3.1

测站	竖盘位置	目标	水平度盘读数 ° ′ ″	半测回角值 ° ′ ″	一测回角值 ° ′ ″	各测回平均值 ° ′ ″	备注
第二测回	左	A	90 01 12	85 25 50	85 25 49	85 25 47	
		B	175 27 02				
	右	A	270 00 56	85 25 48			
		B	335 26 44				

3.3.2 方向观测法

当测站上的方向观测数在 3 个及以上时,一般采用方向观测法。如图 1.3.10 所示,测站点为 O 点,观测方向有 A、B、C、D 四个,在 O 点安置好仪器,在 A、B、C、D 四个目标中选中一个标志清晰的点作为零方向,例如以 A 点方向为零方向。一测回观测操作程序如下:

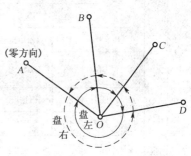

图 1.3.10 方向观测法测水平角

1)上半测回操作

盘左瞄准目标 A,将水平度盘读数配置调制在 $0°$ 左右(A 点方向为零方向),检查瞄准情况后读取水平度盘读数,记入观测手簿。松开制动螺旋,顺时针转动照准部,依次瞄准 B、C、D 点的照准标志进行观测,其观测顺序为 $A \to B \to C \to D \to A$,最后返回到零方向 A 的操作称为上半测回归零,再次观测零方向 A 的读数称为归零差。《工程测量规范》(GB 50026—2007)规定,对于 DJ_6 经纬仪,归零差不应大于 $18''$。

2)下半测回操作

旋转望远镜,盘右瞄准照准标志 A,读取读数,记入观测手簿。松开制动螺旋,逆时针转动照准部,依次瞄准 D、C、B、A 点的照准标志后进行观测,其观测顺序为 $A \to D \to C \to B \to A$,最后返回到零方向 A 的操作称为下半测回归零,至此一测回的观测操作完成。

如果需要观测几个测回,各测回零方向应以 $180°/n$ 为增量配置水平度盘读数。

3)计算步骤

(1)计算 $2C$ 值(即两倍照准差)

$$2C = 盘左读数 - (盘右读数 \pm 180°) \tag{1.3-5}$$

上式中,盘右读数大于 $180°$ 时取"$-$"号,盘右读数小于 $180°$ 时取"$+$"号。计算各方向的 $2C$ 值互差不应超过 $18''$(DJ_6 经纬仪)。如果超出限值,则应重测。

(2)计算各方向的平均读数

平均读数又称为各方向的方向值。

$$平均读数 = \frac{盘左读数 + (盘右读数 \pm 180°)}{2} \tag{1.3-6}$$

计算时,以盘左读数为准,将盘右读数加或减 180°后,和盘左读数取平均值。起始方向有两个平均读数,故应再取其平均值(如表 1.3.2 小括号内的数值)。

表 1.3.2　方向观测法观测手簿

测站	测回数	目标	水平度盘读数		$2C = L$ $-(R\pm$ $180°)$	平均读数 $= 1/2[L+$ $(R\pm180°)]$	归零后 方向值	各测回归 零后方向 平均值
			盘左 L	盘右 R				
			° ′ ″	° ′ ″	° ′ ″	° ′ ″	° ′ ″	° ′ ″
O	1	A	0 01 10	180 01 02	＋08	(0 01 11) 0 01 06	0 00 00	0 00 00
		B	61 24 20	241 24 14	＋06	61 24 17	61 23 06	61 23 12
		C	127 06 50	307 06 50	＋00	127 06 50	127 05 39	127 05 40
		D	225 51 44	45 51 48	−04	225 51 46	225 50 35	225 50 39
		A	0 01 14	180 01 16	−02	0 01 15		
	2	A	90 02 08	270 02 12	＋04	(90 02 06) 90 02 10	000 00	
		B	151 25 22	331 25 26	−04	151 25 24	61 23 18	
		C	217 07 40	37 07 52	−12	217 07 46	127 05 40	
		D	315 52 46	135 52 50	−04	315 52 48	225 50 42	
		A	90 02 06	270 01 58	＋08	90 02 02		

(3) 计算归零后的方向值

将各方向的平均读数减去起始方向的平均读数(括号内数值),即得各方向的"归零后方向值",起始方向归零后的方向值为零。

(4) 计算各测回归零后方向值的平均值

多测回观测时,同一方向值各测回互差,符合±24″(DJ₆光学经纬仪)的误差规定,取各测回归零后方向值的平均值,作为该方向的最后结果。

(5) 计算各目标间水平角角值

将相邻两方向值相减即可求得。

当需要观测的方向为三个时,除不做归零观测外,其他均与三个以上方向的观测方法相同。

3.4　垂直角的观测

3.4.1　竖直度盘构造

DJ₆光学经纬仪竖直度盘的构造包括竖直度盘、竖盘指标、竖盘指标水准管和竖盘指标水准管微动螺旋,如图 1.3.11 所示。竖直度盘固定在横轴的一端,当望远镜在竖直面内转动时,竖直度盘也随之转动,而用于读数的竖盘指标则不动。度盘中心的读数指标与竖盘指标水准管连在一起,由竖盘指标水准管微动螺旋控制。调节竖盘指标微动螺旋,将竖直水准管气泡居中,使读数指标处于正确位置。读数指标一般在观测过程中不动,而是竖直度盘随望远镜转动。

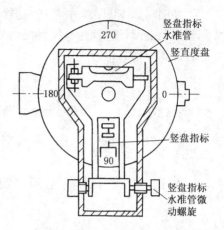

图 1.3.11　竖直度盘构造

DJ$_6$光学经纬仪的竖直度盘有多种注记形式,常见的有全圆顺时针注记和全圆逆时针注记两种,如图 1.3.12。

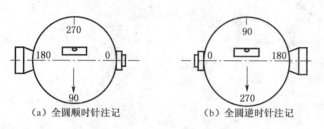

（a）全圆顺时针注记　　　　（b）全圆逆时针注记

图 1.3.12　竖直度盘刻度注记（盘左）

3.4.2　垂直角的计算

由于竖直度盘注记形式不同,竖直角计算的公式也不一样。现在以顺时针注记的竖盘为例,推导竖直角计算的公式。

如图 1.3.13(a)所示,将竖盘置于盘左位置,当视准轴水平,竖盘指标水准管气泡居中,视线水平时读数为 90°。望远镜向上仰,读数减少,倾斜视线与水平视线构成竖直角为 α_L。设视线方向的读数为 L,则盘左观测的垂直角为

$$\alpha_L = 90° - L \tag{1.3-7}$$

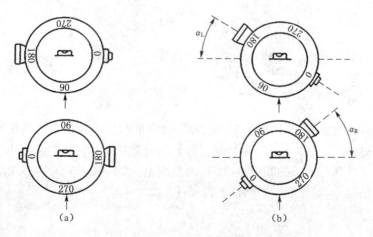

图 1.3.13　垂直角测量原理

如图 1.3.13(b)所示,将竖盘置于盘右位置,调整经纬仪,视线水平时,竖盘读数为 270°,当望远镜上仰,读数增大,倾斜视线与水平视线构成竖直角为 α_R。设视线方向的读数为 R,则盘右观测的垂直角为

$$\alpha_R = R - 270° \qquad (1.3\text{-}8)$$

将盘左、盘右位置的两个垂直角取平均值,即得垂直角 α,其计算公式为

$$\alpha = \frac{\alpha_L + \alpha_R}{2} \qquad (1.3\text{-}9)$$

对于逆时针注记的竖盘,用类似的方法推得垂直角的计算公式为

$$\alpha_L = L - 90° \qquad (1.3\text{-}10)$$

$$\alpha_R = 270° - R \qquad (1.3\text{-}11)$$

3.4.3 竖盘指标差

在垂直角计算公式中,认为当视准轴水平、竖盘指标水准管气泡居中时,竖盘读数正好指向 90°或 270°。但实际上这个条件往往使竖盘指标偏离正确位置,这个偏离的差值 x 角,称为竖盘指标差。

当指标偏离方向与竖盘注记方向一致时,x 取正号,反之 x 取负号。若仪器存在竖盘指标差,则垂直角的计算公式与式(1.3-7)和式(1.3-8)有所不同。

如图 1.3.14(a)所示,由于存在指标差,其正确的垂直角计算公式为

$$\alpha = 90° + x - L = \alpha_L + x \qquad (1.3\text{-}12)$$

同理,如图 1.3.14(b)所示,其正确的垂直角计算公式为

$$\alpha = R - (270° + x) = \alpha_R - x \qquad (1.3\text{-}13)$$

将式(1.3-12)减去式(1.3-13),求出指标差 x 得

$$x = \frac{1}{2}(\alpha_R - \alpha_L) = \frac{1}{2}(L + R - 360°) \qquad (1.3\text{-}14)$$

将式(1.3-12)加上式(1.3-13),求出垂直角平均值

$$\alpha = \frac{1}{2}(\alpha_R + \alpha_L) = \frac{1}{2}(R - L - 180°) \qquad (1.3\text{-}15)$$

由此可见,在垂直角测量时,用盘左、盘右观测,取平均值作为垂直角的观测结果,可以消除竖盘指标差的影响。式(1.3-15)为竖盘指标差的计算公式,指标差互差(即所求指标差之间的差值)可以反映观测结果的精度。《工程测量规范》(GB 50026—2007)规定,垂直角观测时,指标差互差的限差,对于 DJ_6 经纬仪不得超过 $\pm 25''$。

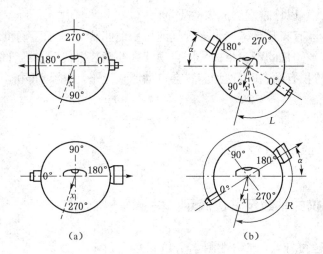

（a）　　　　　　　　　　　　　（b）

图 1.3.14　竖盘指标差

3.4.4　垂直角观测

垂直角观测应用横丝瞄准目标特定部位,比如瞄准标杆的顶部或某一位置。垂直角的观测、记录和计算步骤如下:

（1）在测站点安置经纬仪,并选用垂直角计算公式。

（2）盘左位置。使十字丝横丝切目标于某一位置,旋转竖盘指标管水准器微动螺旋,使竖盘指标水准管气泡居中,读取竖盘读数 L,记入观测手簿。

（3）盘右位置。使十字丝精确切于目标同一位置,调制竖盘指标水准管气泡居中,读取竖盘读数 R,记入观测手簿。

（4）根据垂直角计算公式计算垂直角。

现以图 1.3.2 为例进行测量,记录见表 1.3.3。

表 1.3.3　垂直角观测手簿

测站	目标	竖盘位置	竖盘读数 °′″	半测回垂直角 °′″	指标差 ″	一测回垂直角 °′″	备注
O	A	左	95　22　00	−5　22　00	−36	−5　22　36	
		右	264　36　48	−5　23　12			
O	B	左	81　12　36	+8　47　24	−45	+8　46　39	
		右	278　45　54	+8　45　54			

3.4.5　竖直指标自动归零补偿器

对于同一目标,盘左、盘右测得垂直角之差称为"两倍指标差"。用同一台仪器在某一时间段内连续观测,竖盘指标差应该为固定值,但由于观测误差的存在,使两倍指标差有所变化,计算时,需计算出该数值,以检查观测成果的质量。

观测垂直角时,只有当竖盘指标水准管气泡居中时指标才处于正确位置,否则,读数就有误差。近年来,一些经纬仪的竖盘指标采用自动归零补偿装置代替水准管结构,以简化操作程序。当经纬仪的安置稍有倾斜时,这种装置会自动调整光路,使能读得相当于水准管气泡居中时的竖盘读数。

3.5 经纬仪的检验与校正

3.5.1 经纬仪的轴线及其应满足的关系

由角度测量原理可知,要准确观测水平角和竖直角,经纬仪的水平度盘必须水平,竖直度盘必须垂直,望远镜上下转动时,视准轴应形成一个铅垂面。因此,经纬仪的主要轴线有视准轴(CC)、横轴(HH)、水准管轴(LL)和竖轴(VV),如图1.3.15所示。使经纬仪能正确工作,其轴线应满足以下条件:

(1)水准管轴 LL 垂直于竖轴 VV。

(2)十字丝纵丝垂直于横轴 HH。

(3)视准轴 CC 垂直于横轴 HH。

(4)横轴 HH 垂直于竖轴 VV。

(5)竖盘指标差 x 为零。

(6)光学对中器的视准轴与竖轴重合。

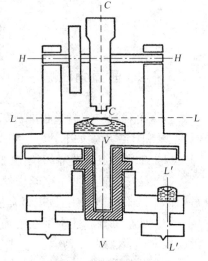

图 1.3.15 经纬仪的轴线

3.5.2 经纬仪的检验与校正

1) $LL \perp VV$ 的检验与校正

(1)检验

首先将仪器大致整平,转动照准部使水准管与任意两个脚螺旋连线平行,转动这两个脚螺旋使水准管气泡居中。将照准部旋转180°,如果气泡仍居中,说明 $LL \perp VV$;如果气泡不居中,则需进行校正。如图1.3.16(a)和图1.3.16(b)所示。

(2)校正

用校正针拨动水准管一端的校正螺旋,使气泡向中心移动偏离值的一半,如图1.3.16(c)所示。余下的一半通过旋转与水准管平行的一对脚螺旋完成,如图1.3.16(d)所示。

此项检验与校正比较精细,应反复进行,直至照准部旋转到任何位置,气泡偏离零点不超过一格为止。

2) 十字丝竖丝垂直于 HH 的检验与校正

(1)检验

用十字丝交点精确瞄准远处目标 P,转动望远镜微动螺旋使其上仰或下俯,如果目标始终在十字丝纵丝上移动，如图 1.3.17(a)所示，说明条件满足，否则需要校正，如图 1.3.17(b)所示。

（2）校正

卸下目镜处的十字丝护盖，松开 4 个压环螺丝，如图 1.3.17(c)，缓慢转动十字丝环，直至望远镜微动时，P 点始终在横丝上。然后拧紧 4 个压环螺丝，装上十字丝护盖。

3）$CC \perp HH$ 的检验与校正

视准轴不垂直于横轴时，其偏离垂直位置的角值 C，称为视准轴误差或照准误差。由式（1.3-5）可知，同一方向观测的 2 倍照准差 $2C$ 的计算公式为 $2C = L - (R \pm 180°)$，则有

$$C = \frac{1}{2}\left[L - (R \pm 180°)\right] \tag{1.3-16}$$

虽然取双盘位观测值的平均值可以消除同一方向观测的照准差 C，但 C 过大将不便于观测的计算，所以，当 $|C| > 60''$ 时，必须进行校正。

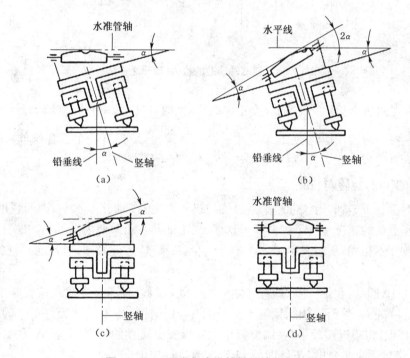

图 1.3.16 照准部水准管轴的检验与校正

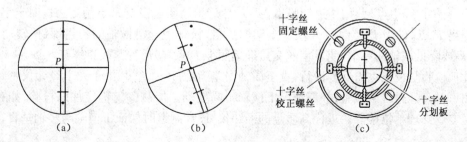

图 1.3.17 十字丝竖丝的检验与校正

（1）检验

视准轴误差的检验方法有盘左盘右读数法和四分之一法两种，现在具体介绍四分之一法。

如图 1.3.18 所示，在一平坦场地面上，选择距离约 100 m 的 A、B 两点，在 AB 连线中点 O 处安置经纬仪，并在 A 点设置一瞄准标志，在 B 点横放一根刻有毫米分划的直尺，使直尺垂直于视线 OB，A 点的标志、B 点横放的直尺应与仪器大致同高。首先盘左瞄准 A 点标志，固定照准部，然后倒转望远镜，在 B 尺上读得读数为 B_1，如图 1.3.18(a) 所示；然后盘右瞄准 A 点，固定照准部，倒转望远镜，在 B 尺上读得读数为 B_2，如图 1.3.18(b) 所示。如果 $B_1 = B_2$，说明视准轴垂直于横轴，否则需要校正。

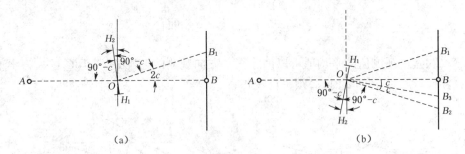

图 1.3.18　视准轴误差的检验（四分之一法）

（2）由 B_2 点向 B_1 点量取 $\dfrac{\overline{B_1 B_2}}{4}$ 的长度定出 B_3 点，此时，OB_3 便垂直于横轴 HH，用校正针拨动十字丝的左右一对校正螺丝，先松动其中一个校正螺丝，后拧紧一个校正螺丝，使十字丝交点与 B_3 点重合。完成校正后，应重复上述检验操作，直至 $|C| < 60''$。

4）$HH \perp VV$ 的检验与校正

若横轴不垂直于竖轴，则仪器整平后竖轴虽已竖直，但横轴并不水平，因而视准轴绕倾斜的横轴旋转所形成的轨迹是一个倾斜面。这样，当瞄准同一铅垂面内高度不同的目标点时，水平度盘的读数并不相同，从而产生测角误差，影响测角精度，因此必须进行检验与校正。

（1）检验

如图 1.3.19 所示，在距一垂直墙面 20～30 m 处，安置仪器，首先盘左位置瞄准墙面上 P 点，仰角宜在 30°左右，然后将望远镜置于水平位置，在墙体标出十字丝交点所在的位置 A；然后盘右照准 P 点，将望远镜放平，在墙上标出十字丝交点所在的位置 B，若 A、B 重合，表示横轴是水平的，横轴垂直于竖轴，条件满足，否则需要进行校正。

（2）校正

取 A、B 直线中点 M，用望远镜瞄准 M 点，然后抬高望远镜至 P 点附近。这时十字丝交点必然偏离 P 点，设为 P' 点。打开仪器支架的护盖，松开望远镜横轴的校正螺钉，转动偏心轴承，升高或降低横轴的一端，使十字丝交点准确照准 P 点，最后拧紧校正螺钉。

此项检验与校正也需反复进行，直至横轴误差满足 $|i| < 20''$。由于光学经纬仪密封性好，仪器出厂时又经过严格检验，一般情况下横轴不易变动。但测量前仍应加以检验，如有问题，最好送专业修理单位检修。近代高质量的经纬仪，设计制造时保证了横轴与竖轴垂直，故无需校正。

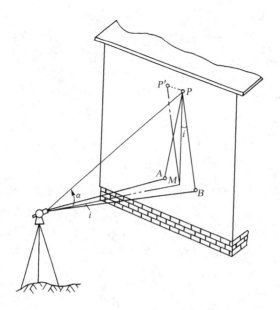

图 1.3.19 $HH \perp VV$ 的检验与校正

5）竖盘水准管的检验与校正

（1）检验

安置经纬仪，仪器整平后，用盘左、盘右观测同一目标点 A，分别使竖盘指标水准管气泡居中，读取竖盘读数 L 和 R，计算竖盘指标差 x，若 $|x| > 60''$，则需要校正。

（2）校正

经纬仪位置不动，仍用盘右照准原目标。转动竖盘指标水准管微动螺旋，使竖盘读数为正确值 $R - x$，此时竖盘指标水准管气泡不再居中了，用校正针拨动竖盘指标水准管一端的校正螺钉，使气泡居中。此项检验与校正需反复进行，直至 $|x| < 60''$。

3.6 角度观测误差及注意事项

角度测量误差主要来源于仪器误差、观测误差和外界条件影响等方面。

3.6.1 仪器误差

仪器误差是指仪器不能满足设计理论要求而产生的误差。

仪器误差主要包括仪器检验、校正后的残余误差和仪器零部件加工不完善所引起的误差。消除或减弱上述误差的具体方法有：

（1）采用盘左、盘右观测取平均值的方法，可消除视准轴不垂直于横轴、横轴不垂直于竖盘和水平度盘偏心差的影响。

（2）采用在各测回间变换度盘位置观测、取各测回平均值的方法，可减小由于水平度盘刻划不均匀给测角带来的影响。

（3）仪器竖轴倾斜引起的水平角测量误差,无法采用一定的观测方法来消除。因此,在使用经纬仪之前应严格检验、校正,确保水准管轴垂直于竖轴;同时,在观测过程中,应特别注意仪器的严格整平。

3.6.2 观测误差

1）仪器对中误差

在测站上安置仪器时,由于对中不准确,使仪器中心与测站点不在同一铅垂线上,这样引起的误差称为对中误差。如图 1.3.20 所示,A、B 为两目标点,O 为测站点,O' 为仪器中心,OO' 的长度称为测站偏心距,用 e 表示,其方向与 OA 之间的夹角 θ 称为偏心角。β 为正确角值,β' 为观测角值,由对中误差引起的角度误差 $\Delta\beta$ 为

$$\beta = \beta' + (\delta_1 + \delta_2) = \beta' + \Delta\beta$$
$$\Delta\beta = \delta_1 + \delta_2$$

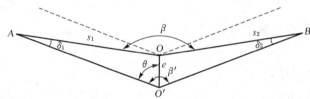

图 1.3.20　仪器对中误差

由于 δ_1 和 δ_2 很小,则有

$$\delta_1 = \frac{e}{s_1}\rho\sin\theta$$

式中：$\rho = 206\ 265''$。

$$\delta_2 = \frac{e}{s_1}\rho\sin(\beta' - \theta)$$

$$\Delta\beta = \delta_1 + \delta_2 = e\rho\left[\frac{\sin\theta}{s_1} + \frac{\sin(\beta' - \theta)}{s_2}\right] \tag{1.3-17}$$

式中：s_1——OA 之间的距离（mm）；

　　　s_2——OB 之间的距离（mm）。

由式（1.3-17）可知,$\Delta\beta$ 与偏心距 e 成正比,e 越大,$\Delta\beta$ 越大；$\Delta\beta$ 与测站点到目标的距离 S 成反比,距离愈短,误差愈大；$\Delta\beta$ 与水平角 β' 和偏心角 θ 的大小有关,当 $\beta' = 180°$,$\theta = 90°$ 时,$\Delta\beta$ 最大。因此,在测量角度时,对于钝角、短边要特别注意对中。

例如,当 $\beta' = 180°$,$\theta = 90°$,$e = 3$ mm,$s_1 = s_2 = 100$ m 时

$$\Delta\beta = 3 \times 206\ 265 \times \left(\frac{1}{100 \times 10^3} + \frac{1}{100 \times 10^3}\right) = 12.4''$$

对中误差引起的角度误差不能通过观测方法消除,所以,观测水平角时应仔细对中,当边长较短或两目标与仪器接近在一条直线上时,要特别注意仪器的对中,避免引起较大的误差。一般规定对中误差不超过 3 mm。

2）标杆倾斜误差

观测中,通常在目标点上树立测钎、测杆或觇牌等作为观测标志,当观测标志倾斜或没有立在目标点的中心时,将产生目标偏心误差。如图 1.3.21 所示,O 为测站,A 为地面目标点,AA' 为测杆,测杆长度为 l,倾斜角为 α,则目标偏心距 $e = l\sin\alpha$,其对观测方向影响为

$$\varepsilon = \Delta\beta = \frac{e}{D}\rho = \frac{l\sin\alpha}{D}\rho \tag{1.3-18}$$

例如,当 $e = 10$ mm,$D = 50$ m 时

$$\Delta\beta = \frac{e}{D}\rho = \frac{10}{50 \times 10^3} \times 206\ 265 = 41''$$

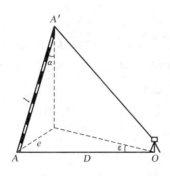

图 1.3.21　目标偏心误差

由式(1.3-18)可知,目标偏心误差对水平角观测的影响与偏心距 e 成正比,与距离成反比。为了减小目标偏心差,瞄准测杆时,测杆应立直,并尽可能瞄准测杆的底部。当目标较近,又不能瞄准目标的底部时,可采用悬吊垂线或选用专用觇牌作为目标。

3）整平误差

整平误差是指安置仪器时竖轴不竖直所引起的误差。倾角越大,影响也越大。一般规定在观测过程中,水准管偏离零点不得超过一格。

4）照准误差

视准轴偏离目标所引起的误差,称为照准误差。

照准误差主要与人眼的分辨能力、望远镜的放大倍率、十字丝的粗细、目标的形状大小等有关,人眼分辨两点的最小视角一般为 $60''$。如果只考虑经纬仪望远镜的放大倍率为 ν,则用该仪器观测时,其照准误差为

$$m_\nu = \pm\frac{60''}{\nu} \tag{1.3-19}$$

一般 DJ_6 型光学经纬仪望远镜的放大倍率 ν 为 25～30 倍,因此,照准误差 m_ν 为 $2.0''$～$2.4''$。

5）读数误差

读数误差与读数设备、照明情况和观测者的经验有关。一般来讲，读数误差主要取决于仪器的读数设备。

对于用分微尺测微器读数的仪器，一般认为可估读的极限误差为测微尺格值 t 的 1/10，因此，读数误差为

$$m = \pm 0.1t \qquad\qquad (1.3-20)$$

对于 DJ_6 型光学经纬仪，用分微尺测微器读数，一般估读误差不超过分微尺最小分划的 1/10，即不超过 $\pm 6''$。如果反光镜进光情况不佳，读数显微镜调焦不好，以及观测者的操作不熟练，则估读的误差可能会超过上述数值，因此，读数时必须仔细调节读数显微镜，使度盘与测微尺影像清晰，同时要仔细调整反光镜，使影像亮度适中，然后再仔细读数。使用测微轮时，一定要使度盘分划线位于双指标线正中央。

3.6.3 外界条件影响

外界条件的影响很多，如大风、松软的土质等都会影响仪器的稳定，地面的辐射热会引起物象的跳动，观测时大气透明度和光线的不足会影响瞄准精度，温度变化影响仪器的正常状态等，这些因素都直接影响测角的精度。为了削弱外界条件的影响，应尽量选择有利的观测时间，避开不利的观测条件，使这些外界条件的影响降到较低限度。如选择雨后多云微风天气下观测；晴天观测时，要打伞遮阳，以防止仪器被暴晒。

3.7 其他经纬仪介绍

3.7.1 电子经纬仪

电子经纬仪与光学经纬仪的根本区别在于电子经纬仪是用微机控制的电子测角系统代替光学读数系统。

1）电子经纬仪的测角原理

电子测角仍是采用度盘来进行。与光学测角不同的是，电子测角是从特殊格式的度盘上取得电信号，根据电信号再转换成角度，并且自动地以数字形式输出，显示在电子显示屏上，并记录在储存器中。电子测角度盘根据取得电信号的方式不同，可分为光栅度盘测角、编码度盘测角和电栅度盘测角等。

2）电子经纬仪的性能简介

南方测绘公司生产的电子经纬仪有 ET 和 DT 两个系列，其中 ET 系列为光栅度盘，DT 系列为绝对编码度盘。图 1.3.22 为 ET-02 电

图 1.3.22 ET-02 电子经纬仪

子经纬仪,它采用光栅度盘测角,水平角度、垂直角度显示读数分辨率为1″,一测回方向观测误差为±2″。竖盘指标自动归零补偿采用液体电子传感补偿器。

由于ET-02是采用光栅度盘测角系统,当转动仪器照准部时,即自动开始测角,所以,观测员精确照准目标后,显示窗口自动显示当前视线方向的水平度盘读数和竖直度盘读数,不需要再按其他键,操作起来非常简单。

3.7.2　激光经纬仪

激光经纬仪主要应用于各种施工测量中,它是在经纬仪上安装激光装置,将激光器发出的激光束导入经纬仪望远镜内,使之沿着视准轴(视线)方向射出一条可见的红色激光束。

激光经纬仪提供的红色激光束可传播较远的距离,而光束的直径不会发生显著变化,是理想的定位基准线。其既可用于一般准直测量,又可用于竖向准直测量,特别适合用于高层建筑、大型塔架、港口、桥梁等工程施工。

图1.3.23为苏州第一光学经纬仪厂生产的J2-JDE激光经纬仪,它在J2-2光学经纬仪上引入半导体激光器,通过望远镜发射激光束,激光束与望远镜视准轴保持同轴、同焦。因此,它除具备光学经纬仪的所有功能外,还提供一条可见的激光束,并配置了双弯管目镜,便于观测天顶方向。

使用激光经纬仪时,应注意以下几点:

(1)电源线的连接要正确,特别要注意正、负极不能接反。使用前要将仪器预热半小时,以改善激光束的漂移。

(2)使用完毕,应先关上电源开关,待指示灯熄灭,激光器停止工作后再断开电源。

**图1.3.23　J2-JDE
激光经纬仪**

(3)长期不使用仪器时,应每月通电一次,使激光器点亮半小时。仪器发生故障时,须由专业人员进行修复。

思考与讨论

1. 何为水平角和垂直角?
2. 经纬仪为什么既能用于水平角的观测,又能用于垂直角的观测?
3. 经纬仪的安置包括哪些工作? 如何进行?
4. 水平角观测的基本原理和主要步骤有哪些?
5. 简述垂直角一个测回观测的记录和计算方法。

【实训】
经纬仪的操作和角度观测。

任务 4　距离测量和直线定向

学习目标

- 理解距离的概念，了解距离测量的仪器和工具；
- 熟知钢尺普通量距、精密量距的实施及成果三项改正、精度评定方法；
- 具备描述量距工具特点并能使用、进行距离丈量和成果处理的能力；
- 熟知直线定位、方位角的概念及方位角的计算方法；
- 具备表示直线方向的能力；
- 了解磁偏角的含义及用罗盘仪测定磁方位角的方法；
- 具备描述罗盘仪的构造、熟练操作使用罗盘仪进行方位角测定的能力。

任务内容

　　本任务重点介绍了距离测量和直线定向。距离测量的方法有钢尺量距、视距测量和光电测距等，分别介绍了距离测量使用的工具、基本原理及计算公式；直线定向重点介绍了方位角及坐标方位角的推算；简要介绍罗盘仪的构造和使用方法。

4.1　钢尺量距

　　钢尺量距是传统的量距方法，适用于平坦地区的短距离测量。

4.1.1　钢尺量距工具

　　钢尺量距的主要工具是钢卷尺，辅助工具有测钎、标杆和垂球等。

1）钢卷尺

　　钢卷尺简称钢尺，为钢制的带尺，有架装和盒装两种，如图 1.4.1 所示。钢尺尺宽 10～15 mm，厚 0.2～0.4 mm；长度有 20 m、30 m、50 m 几种。根据尺上零点位置的不同，有端点尺和刻线尺之分，如图 1.4.2 所示。

图 1.4.1　钢卷尺

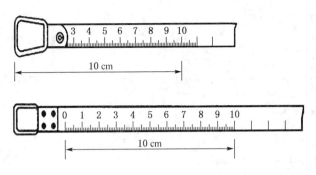

图 1.4.2 端点尺与刻线尺

2）标杆

标杆又称花杆,由木料或铝合金材料制成,长 2～3 m,直径 3～4 cm,杆上涂以 20 cm 间隔的红、白漆,下端有尖头铁脚,可插入地面,如图 1.4.3 所示。

3）测钎

用粗铁丝制成,长 30～40 cm,一般 6 根或 11 根为一组,套在一个圆环上,如图 1.4.4 所示。测钎主要用来标定尺段点的位置和丈量尺段数。

4）垂球

垂球由金属制成,呈圆锥形,如图 1.4.5 所示。垂球在量距时作投点之用。

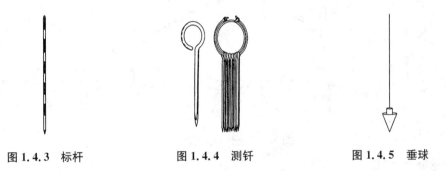

图 1.4.3 标杆 　　　　　图 1.4.4 测钎 　　　　　图 1.4.5 垂球

4.1.2　直线定线

当地面两点之间距离较长,或地势起伏较大,要进行分段丈量,即在两点的直线方向上竖立一系列标杆,把中间若干点确定在已知直线的方向上,这就是直线定线。一般量距采用目视定线,而精密量距则采用经纬仪或其他定线仪器进行定线。

1）目视定线

在待测距离的两端点 A、B 各竖立一根标杆,由作业员甲站于 A 点标杆后,以目测指挥另一位作业员乙站在距 A 点为整尺段的位置,将所持标杆移动到 A 与 B 连成的直线上,然后在标杆根部插下测钎,如图 1.4.6 所示,以此类推,直到在所有整尺段的位置插上测钎,并使所有测钎位于 A 与 B 连成的线上。

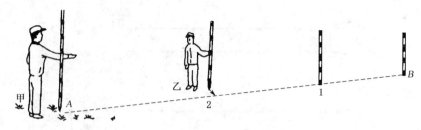

图 1.4.6　目视定线

2）两点间不通视定线

如图 1.4.7 所示，设 A、B 两点在高地的两侧，互不通视，这时可以采用逐渐趋近法定线。先在 A、B 两点竖立标杆，甲、乙两人各持标杆分别在 C_1 和 D_1 处，甲要站在可以看到 B 点处，乙要站在可以看到 A 点处。先由站在 C_1 处的甲指挥乙移动至 BC_1 直线上的 D_1 处，然后由站在 D_1 处的乙指挥甲移动至 AD_1 直线上的 C_2 处，接着再由站在 C_2 处的甲指挥乙移动至 D_2，这样逐渐趋近，直到 C、D、B 在一直线上，同时 A、C、D 也在同一直线上。

这种方法也可用于分别位于两座建筑物上的 A、B 两点间的定线。

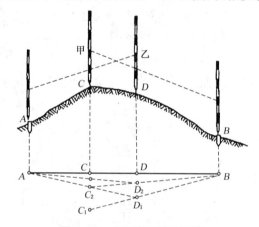

图 1.4.7　不通视两点间定线

3）经纬仪定线

如图 1.4.8 所示，欲在 A、B 两点间精确定出 1、2、3、…的位置，可在 A 处安装经纬仪，用望远镜照准 B 点，固定照准部制动螺旋，再将望远镜向下俯视，将十字丝交点投到木桩上，并钉小钉确定 1 点，并依次确定出其余各点位置。

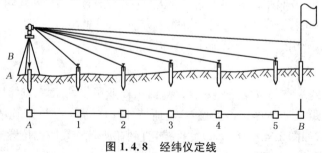

图 1.4.8　经纬仪定线

4.1.3 钢尺量距的方法

钢尺量距的基本要求是"直、平、准"。丈量工作一般需要 3 人,分别担任前尺手、后尺手和记录员。

1)平坦地面量距

如图 1.4.9 所示,由 A 至 B 沿地面用测钎逐个标出整尺段位置,直至最后不足一整尺段的余长,完成往测。

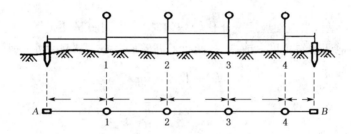

图 1.4.9 平坦地面量距

则 AB 段往测水平距离为

$$D_{AB} = nl + q \tag{1.4-1}$$

式中:n——整尺段数;

$\quad l$——钢尺长度;

$\quad q$——不足一整尺的余长。

为了提高测量成果的精度,往往需要往返丈量,取其平均值作为丈量的结果。

$$D_{平均} = \frac{D_{往} + D_{返}}{2} \tag{1.4-2}$$

并且以相对误差(分子为 1,分母为整数的分数)K 来衡量距离测量的精度,即

$$K = \frac{|D_{往} - D_{返}|}{D_{平均}} = \frac{1}{\dfrac{D_{平均}}{|D_{往} - D_{返}|}} \tag{1.4-3}$$

相对误差的分母越大,说明量距的精度越高。在平坦地区钢尺量距的相对误差一般不应超过 1/3 000;在量距较困难地区,其相对误差也不应超过 1/1 000。否则,应返回重测。

[例 1.4-1] 用 30 m 长的钢尺往返丈量 A、B 两点间的水平距离,丈量结果分别为:往测 4 个整尺段,余长为 9.98 m,返测 4 个整尺段,余长为 10.02 m,计算两点间的水平距离 D_{AB} 及相对误差 K。

解

$$D_{AB} = nl + q = 4 \times 30 + 9.98 = 129.98 \text{ m}$$

$$D_{BA} = nl + q = 4 \times 30 + 10.02 = 130.02 \text{ m}$$

$$D_{平均} = \frac{1}{2}(D_{AB} + D_{BA}) = \frac{1}{2} \times (129.98 + 130.02) = 130.00 \text{ m}$$

$$K = \frac{|D_{AB} - D_{BA}|}{D_{AB}} = \frac{|129.98 - 130.02|}{130.00} = \frac{0.04}{130.00} = \frac{1}{3\ 250}$$

2）倾斜地面量距

（1）平量法

当地面高低起伏不大时，可采用平量法丈量距离。如图 1.4.10 所示，可将钢尺拉平丈量，方法与平坦地面量距相似，甲先立于 A 点，指挥乙将尺拉在 AB 方向线上。甲将尺的零端对准 A 点，乙将尺子抬高，并且通过目估使尺子水平，然后用垂球尖将尺段的末端投于地面上，再插上测钎，用式（1.4-1）计算其距离，同时也应进行往返观测。

（2）斜量法

如图 1.4.11 所示，当地面坡度变化比较均匀时，可采用斜量法量距。即沿倾斜地面量出斜距 L，设法测出地面倾斜角度 α 或 A、B 两点的高差 h_{AB}，按下式计算水平距离：

$$D = L \times \cos \alpha \tag{1.4-4}$$

或

$$D = \sqrt{L^2 - h_{AB}^2} \tag{1.4-5}$$

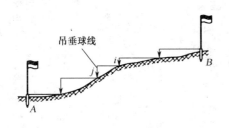

图 1.4.10　平量法

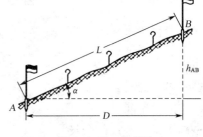

图 1.4.11　斜量法

4.1.4　精密量距的三项改正

对精度要求较高的钢尺量距，除应采用经纬仪定线、在钢尺的尺头处用弹簧测力计控制拉力外，还应对丈量结果进行改正。

1）尺长改正

钢尺名义长为 l_0，钢尺在标准拉力、标准温度下的检定长度为 l_s，二者之差值即为整尺段的尺长改正：$\Delta l = l_s - l_0$。则对于任意尺段数 l，尺长的改正数为

$$\Delta l_d = \frac{\Delta l}{l_0} l \tag{1.4-6}$$

2）温度改正

受热胀冷缩的影响，当现场作业时的温度 t 与检定时的温度 t_0 不同时，钢尺的长度就会发生变化，因而每尺段需进行温度改正：

$$\Delta l_t = \alpha (t - t_0) \cdot l_0 \tag{1.4-7}$$

式中：α——钢尺的膨胀系数，取 0.000 012 5/℃。

钢尺检定后，应给出尺长随温度变化的函数式，通常称为尺长方程式，其一般形式为

$$l_t = l_0 + \Delta l + \alpha(t - t_0)l_0 \tag{1.4-8}$$

实际上等式右端后两项就是钢尺尺长改正和温度改正的组合。

3）倾斜改正

若用水准仪测得尺段两端间的高差 h，沿倾斜地面量得的斜距 l，当高差 h 不大时将其化为平距，应加上倾斜改正数。

$$\Delta l_h = -\frac{h^2}{2l} \tag{1.4-9}$$

那么一个尺段的改正数即为

$$\Delta l = \Delta l_d + \Delta l_t + \Delta l_h \tag{1.4-10}$$

［例 1.4-2］　已知钢尺的名义长度 $l_0 = 30$ m，实际长度 $l' = 30.005$ m，检定钢尺时温度 $t_0 = 20$℃，钢尺的膨胀系数 $\alpha = 1.25 \times 10^{-5}$/℃。$A$-1 尺段 $l = 29.393\,0$ m，$t = 25.5$℃，$h_{A1} = +0.36$ m，计算尺段改正后的水平距离。

解
$$\Delta l = l' - l_0 = 30.005 - 30 = +0.005 \text{ m}$$

$$\Delta l_d = \frac{\Delta l}{l_0}l = \frac{+0.005}{30} \times 29.393\,0 = +0.004\,9 \text{ m}$$

$$\Delta l_t = \alpha(t - t_0)l = 1.25 \times 10^{-5}/℃ \times (25.5 - 20) \times 29.393\,0 = 0.001\,9 \text{ m}$$

$$\Delta l_h = -\frac{h^2}{2l} = -\frac{(+0.36)^2}{2 \times 29.393\,0} = -0.002\,2 \text{ m}$$

$$D_{A1} = l + \Delta l_d + \Delta l_t + \Delta l_h = 29.393\,0 + 0.004\,9 + 0.002\,0 - 0.002\,2$$
$$= 29.397\,7 \text{ m}$$

4.1.5　精密钢尺量距的方法

1）准备工作

准备工作主要包括：清理场地、直线定线和测量桩顶间高差。精密量距用经纬仪定线，用双面尺法或往返测法测出各相邻桩顶间高差。

2）丈量方法

两人拉尺，两人读数，一人测温度兼记录，共五人。丈量时，后尺手挂弹簧测力计于钢尺的零端，前尺手执尺子的末端，两人同时拉紧钢尺，把钢尺有刻划的一侧贴靠于木桩顶十字线的交点，待达到标准拉力时，由后尺手发出"预备"口令，两人拉稳尺子，由前尺手喊"好"。在此瞬间，前、后读尺员同时读取读数，估读至 0.5 mm，并计算尺段长度。前、后移动钢尺一段距离，同法再次丈量。每一尺段测三次，读三组读数，由三组读数算得的长度之差要求不超过 2 mm，否则应重测。如果长度之差在限差之内，取三次结果的平均值作为该尺段的观测结果。同时，每一尺段测量应记录一次温度，估读至 0.5℃。如此继续丈量至终点，即完成往测工作。

完成往测后,应立即进行返测。精密量距记录计算见表 1.4.1。

表 1.4.1　精密量距记录计算表

钢尺号码:No12　　　　　钢尺膨胀系数:125×10⁻⁵/℃　　　钢尺检定时温度 t_0:20℃
钢尺名义长度 l_0:30 m　　　钢尺检定长度 l':30.005 m　　　　钢尺检定时拉力:100 N

尺段编号	实测次数	前尺读数(m)	后尺读数(m)	尺段长度(m)	温度(℃)	高差(m)	温度改正数(mm)	倾斜改正数(mm)	尺长改正数(mm)	改正后尺段长(mm)
A-1	1	29.435 0	0.041 0	29.394 0	+25.5	+0.36	+1.9	-2.2	+4.9	29.397 6
	2	510	580	930						
	3	025	105	920						
	平均			29.393 0						
1-2	1	29.936 0	0.070 0	29.866 0	+26.0	+0.25	+2.2	-1.0	+5.0	29.871 4
	2	400	755	645						
	3	500	850	650						
	平均			29.865 2						
2-3	1	29.923 0	0.017 5	29.905 5	+26.5	-0.66	+2.3	-7.3	+5.0	29.905 7
	2	300	250	050						
	3	380	315	065						
	平均			29.905 7						
3-4	1	29.923 5	0.018 5	29.905 0	+27.0	-0.54	+2.5	-4.9	+5.0	29.908 3
	2	305	255	050						
	3	380	310	070						
	平均			29.905 7						
4-B	1	15.975 5	0.076 5	15.899 0	+27.5	+0.42	+1.4	-5.5	+2.6	15.897 5
	2	540	555	985						
	3	805	810	995						
	平均			15.899 0						
总和				134.968 6			+10.3	-20.9	+22.5	134.980 5

3)成果计算

　　将每一尺段丈量结果经过尺长改正、温度改正和倾斜改正改算成水平距离,并求出总和,得到直线往测、返测的全长。往测、返测之差符合精度要求后,取往测、返测结果的平均值作为最后成果。

4.1.6　钢尺量距误差

　　钢尺量距误差来源于多个方面,下面简要分析测量误差及相应措施。

1）定线误差

量距前应认真进行直线定线,如果定线有误差,量出的将是折线,使距离偏大。如果量距的精度要求较高时,应采用经纬仪定线。

2）尺长误差

钢尺的实际长和名义长不一致,则会产生尺长误差。尺长误差是系统误差,量距越长,误差越大。必须通过检定以求得尺长改正数,从而对量距结果加以尺长改正。在一般丈量中,当尺长误差的影响不大于所量直线长度的1/10 000时,可不考虑此影响。

3）温度变化误差

钢尺说明书中的尺长方程式中一般都已经给出温度改正的计算方法,但如果作业现场的气温量测不准,或所量气温与贴近地面丈量的钢尺温度相差较多,也会产生温度误差。因此,应尽量准确测定钢尺所在处的温度,用于温度改正。量距工作宜选择在温度变化比较小的阴天进行。

4）拉力误差

钢尺在丈量时所受拉力应与检定时拉力相同。若拉力变化7 kg,尺长将改变1/10 000,故在一般量距中,只要保持力均匀即可。而对较精密的量距工作,则需使用弹簧测力计。

5）倾斜误差

沿一定坡度的地面进行丈量时,可将钢尺一端抬离地面,使钢尺尽量保持水平,或用水准仪测定被测距离两端的高差,以便对所量距离进行倾斜改正。

6）钢尺垂曲误差

当地面高低不平时,钢尺没有处于水平位置或因自重导致中间下垂而成曲线时,都会使所量距离增大,因此,丈量时必须保证钢尺水平。

7）丈量误差

这一误差属偶然误差,无法消除。丈量时,应认真作业,使钢尺端点对准,尺段端点测钎插准,分划尺的读数读准等,以尽量减少丈量误差的产生。

4.2　视距测量

视距测量是运用几何光学原理,利用经纬仪和标尺同时测定距离和高程的一种方法。此方法操作简便,速度快,不受地形限制,但是精度较低,常用作碎部测量。视距测量所用的主要仪器是经纬仪和视距尺。

4.2.1　视距测量原理

1）视线水平时的视距测量

将经纬仪安置于 A 点,照准 B 点竖立的标尺,用以测定 A、B 两点间的距离及高差。当望远镜视线水平时,视线与标尺面互相垂直,如图 1.4.12 所示。

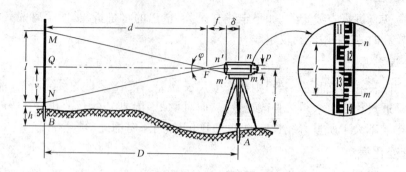

图 1.4.12　视线水平时的视距测量

尺上 M、N 点成像在十字丝分划板上的两根视距丝 m、n 处,尺上 MN 的长度可由上、下视距丝读数之差求得。上、下视距丝之差称为视距间隔或尺间隔,用 l 表示。

$\triangle m'Fn'$ 与 $\triangle MFN$ 相似,由相似三角形原理可知

$$\frac{FQ}{l} = \frac{f}{p} \tag{1.4-11}$$

式中:f——物镜焦距;

p——视距丝间距。

因此,由图 1.4.12 可得到仪器中心到标尺的水平距离

$$D = FQ + f + \delta \tag{1.4-12}$$

式中:δ——仪器中心与物镜间的距离。

将 $FQ = \frac{f}{p} \cdot l$ 代入式(1.4-12),可得

$$D = \frac{f}{p} \cdot l + (f + \delta) \tag{1.4-13}$$

令 $\frac{f}{p} = K$ 为常数,$f + \delta = C$ 为加常数。设计仪器时,可调整仪器参数,使 $K = 100$,$C = 0$,则有

$$D = Kl = 100l \tag{1.4-14}$$

如图 1.4.12 所示,设仪高为 i,十字丝中丝在标尺上的读数为 v,那么两点间的高差即为

$$h = i - v \tag{1.4-15}$$

2）视线倾斜时的视距测量

当地面起伏较大地区要进行视距测量时,必须使望远镜视线倾斜方能照准目标,视线不再垂直于视距尺,因此,有必要推导视线倾斜时视距测量的距离公式和高差公式。如图 1.4.13 所示,欲测 A、B 的水平距离,关键是要求出上下视距丝在标尺上截得的视距间隔

$M'N'$ 与视距丝在垂直于 B 点的标志上的视距间隔 MN 之间的关系。

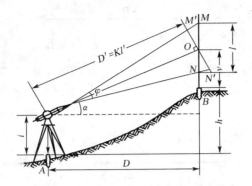

图 1.4.13　视线倾斜时的视距测量

由于图中 φ 值很小,约为 $34''$,因此,可以近似地认为 $\angle OM'M$ 和 $\angle ON'N$ 为直角,则有 $M'N' = OM' + ON' = OM \cdot \cos \alpha + ON \cdot \cos \alpha = MN \cdot \cos \alpha$,设 MN 为 l,则

$$M'N' = MN \cdot \cos \alpha = l \cdot \cos \alpha$$

将此式代入视线水平视距测量距离公式(1.4-14)可得倾斜距离 D'

$$D' = Kl \cdot \cos \alpha$$

再将倾斜距离化为水平距离 D

$$D = D' \times \cos \alpha = Kl \times \cos \alpha^2 \tag{1.4-16}$$

A、B 两点间的高差即为

$$h = D' \cdot \sin \alpha + i - v = Kl \cdot \sin \alpha \cdot \cos \alpha + i - v$$
$$= \frac{1}{2}Kl \sin 2\alpha + i - v \tag{1.4-17}$$

4.2.2　视距测量观测与计算

如图 1.4.13 所示,视距测量的观测和计算按以下步骤进行:

(1) 在测站 A 安置经纬仪,量取仪器高 i 并记入手簿,在目标点 B 竖立标尺。

(2) 以盘左转动望远镜照准标尺,使中丝截标尺上与仪器高相等的读数或某一整数,分别读取上、下、中三丝读数,并以下丝读数减去上丝读数得视距间隔。

(3) 旋转指标水准管微动螺旋,使指标水准管气泡居中,读取竖盘读数,并按盘左竖角公式 $\alpha = 90° - L$ 计算竖角 α。

(4) 将观测值记入手簿表 1.4.2,再按公式(1.4-16)和式(1.4-17)计算水平距离、高差,并根据测站高程计算出测点的地面高程。

表1.4.2　视距测量手簿

测站:A　　测站高程:21.40 m　　仪器高:1.42 m　　仪器型号 DJ₆

点号	下丝读数上丝读数(m)	视距间隔(m)	中丝读数(m)	竖盘读数 L	竖直角	水平距离(m)	高差 h (m)	高程 H (m)
1	1.768 0.934	0.834	1.35	92°45′	2°45′	83.21	4.07	25.47
2	2.182 0.660	1.522	1.42	95°27′	5°27′	150.83	14.39	35.79

4.2.3　视距测量误差分析

1)读数误差

视距丝在视距尺上读数的误差与尺子最小分划的宽度、水平距离的远近和望远镜放大倍率等因素有关。因此,施测距离不应过大,读数时尽量消除视差。

2)垂直折光的影响

视距尺不同部分的光线是通过不同密度的空气层到达望远镜的,越接近地面的光线受折光影响越明显。为减少垂直折光的影响,观测时应尽可能使视线离地面1 m以上。

3)标尺倾斜误差

标尺竖立不直或晃动,都会给视距和高差带来误差。在山区作业时,其影响更大。因此,应使用装有圆水准器的标尺,尽量避免标尺的倾斜和晃动。

4)视距常数误差

定期测定仪器的视距常数,保证 K 值在 100 ± 0.1 之内,否则应加以改正。此外,视距尺分划的误差、竖直角观测的误差以及风力使尺子抖动引起的误差等,都将影响视距测量的精度。

4.3　光电测距

光电测距仪是以红外光、激光、电磁波为载波的测距仪器,与传统的钢尺量距相比,具有测程远、精度高、作业速度快和受地形限制少等特点,因而被广泛应用于工程测量。光电测距仪种类很多,按其测程大小,可分为短程(5 km以内)、中程(5～15 km)和远程(大于15 km)三种测距仪。如按载波来分,可分为光电测距仪和微波测距仪,采用可见光或红外光作为载波的称为光电测距仪,采用微波段的无线电波作为载波的称为微波测距仪。按其用光源分,一般有激光测距仪和红外测距仪两种。按其测距中误差大小,又可分为Ⅰ级($m_D \leqslant 5$ mm)、Ⅱ级(5 mm $\leqslant m_D \leqslant 10$ mm)、Ⅲ级(10 mm $\leqslant m_D \leqslant 20$ mm)。

4.3.1 光电测距原理

光电测距仪是通过测定光波在待测距离上往、返一次所经过的时间 t,间接地确定两点间距离 D 的一种仪器。如图 1.4.14 所示,可在 A 点安置测距仪,在 B 点设置反射棱镜。通过测定测距仪发射的光波传播至反光镜,再经反光镜反射回到测站总共耗费的时间 t,根据光波在大气中的传播速度 c,按下式计算距离 D:

$$D = \frac{1}{2}ct \tag{1.4-18}$$

由上式可知,光波传播速度是定值,关键是要测光波传播的时间 t。根据测定时间 t 的方法不同,分为直接测定时间的脉冲测距法和间接测定时间的相位测距法。高精度的测距仪,一般采用相位测距法。

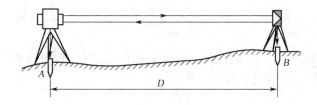

图 1.4.14 光电测距

如图 1.4.15 所示,可将测距仪往返测程的图形展开来看,即为一连续的正弦曲线。设一个周期的波长为 λ,相位变化为 2π,调制光波频率为 f,那么光波往返传播的总相位移 $\varphi = 2\pi ft$,于是 $t = \frac{\varphi}{2\pi f}$,将 t 代入式(1.4-18)得

$$D = \frac{c}{2f} \times \frac{\varphi}{2\pi} \tag{1.4-19}$$

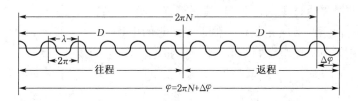

图 1.4.15 相位法测距原理

由于波长 $\lambda = \frac{c}{f}$,因此,$D = \frac{\lambda}{2} \times \frac{\varphi}{2\pi}$。设调制光波往返传播的整周期数为 N,最后不足整周期的零周期为 ΔN,那么光波往返传播的总位移为 $\varphi = N \cdot 2\pi + \Delta N \cdot 2\pi$,再将其代入式(1.4-19)得 $D = \frac{\lambda}{2} \times (N + \Delta N)$,令光尺 $\mu = \frac{\lambda}{2}$,则有

$$D = \mu \times (N + \Delta N) \tag{1.4-20}$$

式(1.4-20)即为相位法测距的基本公式。不难发现,相位法测距公式与钢尺量距公式 (1.4.1)相似,相位法是以 $\lambda/2$ 波长的光尺进行测距,而 N 相当于整尺段数,ΔN 则为不足一尺段的余长。

仪器的测相装置只能分辨 $0\sim2\pi$ 之间的相位变化,也就是说仅能精确测定不足一尺段的余长,对相位的整周期数难以测定。并且光尺越长,测距误差也越大。例如光尺为 10 m 时,误差是 ±0.01 m;光尺为 150 m 时,误差为 ±1 m。因此,一般测距仪至少采用两种调制频率的光尺进行测距,以波长长的长光尺为"粗尺",波长短的短光尺为"精尺",分别测定距离的大数和尾数,二者结合起来测定其全长。例如粗尺是 1 000 m,而精尺是 10 m,测同一段距离分别是 662.5 m 和 2.544 m,那么,显示屏上显示的精确距离即为 662.544 m。

4.3.2 光电测距步骤

(1) 将测距仪(或全站仪)和反射镜分别安置于待测距离的两端。反射镜所用棱镜块数根据测程长短选择。一般单棱镜测程为 2.5 km;3、7、11 棱镜的测程分别为 3.5 km、4.5 km 和 5.5 km。

(2) 接通电源,照准反射镜,检查经反射镜返回的光强信号,符合要求后即可开始测距。为避免错误和减少照准误差的影响,可进行若干个测回的观测。

(3) 读数、记录。

(4) 由温度计和气压计读取大气温度和气压值。

(5) 计算温度改正数和气压改正数。若测距仪具有对温度、气压等影响进行自动改正的功能,这项可省去。

4.3.3 光电测距注意事项

(1) 测距仪是精密仪器,使用时应避开电磁场干扰,并防止大的冲击振动。

(2) 测距仪应避免阳光直晒,在强光下或雨天作业时应撑伞保护仪器。

(3) 测距仪测距易受气象条件影响,其测距宜在阴天进行。

(4) 镜站的后面不应有反光镜和其他强光源等的干扰。

(5) 仪器不用时应关闭电源,长期不用时应将电池取出。

4.4 直线定向

测量工作中,要确定地面两点的相对位置关系,除了测定距离外,还需确定两点连线的方向,即与标准方向之间的角度关系,这个工作称为直线定向。

4.4.1　方位角

直线定向一般用方位角表示。如图 1.4.16 所示,方位角是指从某标准方向开始顺时针至直线的夹角,取值范围为 $0°\sim360°$。根据标准方向的不同,方位角有三种。

1) 真方位角

以地球南极、北极的真子午线指北端为标准方向顺时针至直线的夹角称为该直线的真方位角,用 A 表示。

2) 磁方位角

以地球磁场南极、北极的磁子午线指北端为标准方向顺时针至直线的夹角称为该直线的磁方位角,用 A_m 表示。

3) 坐标方位角

以坐标纵轴平行线指北端为标准方向顺时针至直线的夹角称为该直线的坐标方位角,测量中简称方位角,用 α 表示。

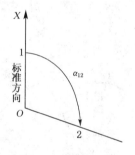

图 1.4.16　方位角图

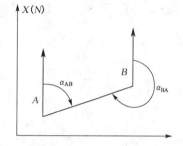

图 1.4.17　正反方位角

坐标方位角又有正反之分,如图 1.4.17 所示,过直线起点 A 点的坐标纵轴指北端为标准方向顺时针至直线的夹角 α_{AB} 是直线 AB 的正方位角,而过端点 B 的坐标纵轴平行线指北端顺时针至直线的夹角 α_{BA} 是 AB 的反方位角。同一直线的正反方位角相差 $180°$,即

$$\alpha_{AB} = \alpha_{BA} \pm 180° \tag{1.4-21}$$

在式(1.4-21)的右端,若 $\alpha_{BA} < 180°$,则有 $\alpha_{AB} = \alpha_{BA} + 180°$;若 $\alpha_{BA} > 180°$,则有 $\alpha_{AB} = \alpha_{BA} - 180°$。

4) 几种方位角的关系

(1) 真方位角与磁方位角的关系

地球的南北极(N,S)与地球磁场南北极(N′,S′)并不重合,二者之间有一磁偏角,用 δ 表示,如图 1.4.18 所示。同一直线的真方位角 A 与磁方位角 A_m 可用下式表示:

$$A = A_m + \delta \tag{1.4-22}$$

(2) 真方位角与坐标方位角之间的关系

过某点的真子午线与过该点的坐标纵轴平行线也是不平行的,二者之间存在一个子午线收敛角,用 γ 表示,如图 1.4.19 所示。则同一直线的真方位角 A 与坐标方位角 α 的关系可用下式表示:

$$A = \alpha + \gamma \qquad (1.4\text{-}23)$$

(3)坐标方位角与磁方位角之间的关系

由式(1.4-22)和式(1.4-23)可知,同一直线的坐标方位角 α 与磁方位角 A_m 可用下式表示:

$$\alpha = A_m + \delta - \gamma \qquad (1.4\text{-}24)$$

4.4.2 象限角

直线的方向除了用方位角表示外,也可以用象限角表示。所谓象限角是指过坐标纵轴指北端或者指南端至直线的锐角,并加上所在象限名称,用 R 表示,如图 1.4.20 所示。象限角和坐标方位角之间的换算公式见表 1.4.3。

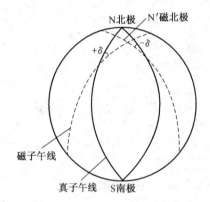

图 1.4.18 磁偏角

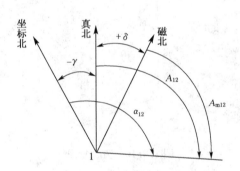

图 1.4.19 三种方位角之间的关系

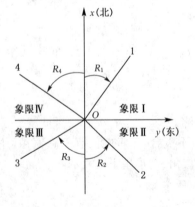

图 1.4.20 象限角

表 1.4.3 象限角与方位角换算表

象限	象限角 R 和方位角 α 的换算关系
第一象限(NE)	$\alpha = R$
第二象限(SE)	$\alpha = 180° - R$
第三象限(SW)	$\alpha = 180° + R$
第四象限(NW)	$\alpha = 360° - R$

4.4.3 坐标方位角推算

在实际测量工作中并不是直接测定每条边的方向,而是通过与已知方向连测,进而推算各条边的坐标方位角。

如图 1.4.21 所示,地面上有相邻的四点,即 1、2、3、4 点连成折线,12 边的方位角 α_{12} 为已知,又测定了 12 边与 23 边的水平角 β_2 以及 23 边与 34 边的水平角 β_3,要求 23 边的方位角 α_{23} 和 34 边的方位角 α_{34},像这种情况我们称为相邻坐标方位角的推算。

而水平角又有左右之分,将前进方向左侧的水平角称为水平左角,如图中 β_3;将前进方向右侧的水平角称为水平右角,如图中 β_2。

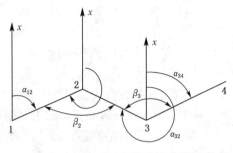

图 1.4.21 相邻坐标方位角的推算

由图 1.4.21 中分析可得

$$\alpha_{23} = \alpha_{21} - \beta_2 = \alpha_{12} + 180° - \beta_2$$
$$\alpha_{34} = \alpha_{32} + \beta_3 - 360° = \alpha_{23} - 180° + \beta_3$$

综合上面两式,可得到推算坐标方位角的通式:

$$\alpha_前 = \alpha_后 \pm \beta \pm 180° \tag{1.4-25}$$

式(1.4-25)中,如果测得水平角是左角,β 取正数;是右角,β 取负数。式子右端,如果前两项计算小于 180°,那么 180°前面用"+",反之用"−"。

4.5 罗盘仪

罗盘仪构造简单,使用方便,常用来测量直线磁方位角,有时也可粗略测量水平角和竖直角。罗盘仪常用在精度要求不高的测量中。

4.5.1 罗盘仪的构造

罗盘仪主要由望远镜、罗盘盒和基座三部分组成。如图 1.4.22 所示的 DQL−1B 型森林罗盘仪。

1) 望远镜

望远镜用于瞄准目标,由物镜、目镜和十字丝组成。为测量竖直角,在望远镜一侧还装有竖直度盘。

2) 罗盘盒

罗盘盒中有刻度盘和磁针。刻度盘最小分划为 1°或 30′,每 10°作一注

图 1.4.22 罗盘仪

记。磁针用磁铁制成,用于确定南北方向并用作指标读数。它安装在度盘中心顶针上,可自由转动。为减少顶针的磨损,不用时应用磁针制动螺旋将磁针抬起,固定在玻璃盖上。磁针南端装有铜箍以克服磁倾角,使磁针转动时保持水平。此外,罗盘盒中还带有水准器,用于指示罗盘仪水平。

3)基座

基座可固定在三脚架上,另可摆动罗盘盒使水准管气泡居中,以表明仪器处于水平位置。

4.5.2 罗盘仪的使用步骤

(1)测量时,在直线一端点安置仪器,另一端点插上花杆。

(2)将罗盘仪安置在三脚架上,并挂上垂球,进行对中整平。

(3)转动目镜调焦螺旋,使十字丝影像清晰,转动罗盘仪,使望远镜瞄准直线另一端点标杆最底部。

(4)松开磁针制动螺旋,待磁针静止后,磁针在刻度盘上所指的读数即为该直线的磁方位角。

(5)读数完毕后,必须旋紧磁针螺旋,将磁针升起,避免磁针磨损,以保护磁针的灵敏性。

思考与讨论

1. 钢尺量距为什么要进行直线定线?如果定线不准会出现什么后果?
2. 钢尺量距产生误差的因素有哪些?如何克服?
3. 直线定向怎样表示?坐标方位角和象限角之间有什么关系?
4. 视距测量需要测定哪些数据?如何操作?
5. 如何使用罗盘仪测定直线的磁方位角?

【实训】

1. 钢尺量距的操作
2. 直线 AB 的坐标方位角 $\alpha=106°30'$,求它的反方位角及象限角,并绘图表示。

任务5 测量误差基本知识

学习目标

- 了解偶然误差的系统特性;
- 掌握中误差、相对中误差、算术平均值、观测值中误差的计算方法;
- 熟知传播定律、等精度观测值的最或然值的计算;
- 具备能运用误差传播定律、等精度直接观测值的最或然值及中误差解决测量误差的能力。

任务内容

本任务主要介绍了误差精度的评定标准、误差传播定律以及观测值的精度评定标准。

5.1　测量误差概述

5.1.1　测量误差产生的原因

在实际的测量工作中,大量实践表明,当对某一未知量进行多次观测时,不论测量仪器有多精密,观测进行得多么仔细,所得的观测值之间总是不尽相同,这种差异是由于测量中存在误差的缘故,测量所获得的数值称为观测值。测量误差是不可避免的,产生测量误差的原因,概括起来有以下 3 个方面。

1）测量仪器因素

测量工作是需要用测量仪器进行的,而每一种测量仪器只具有一定的精确度,因此,测量结果会受到一定的影响。例如,DJ_6 型光学经纬仪基本分划为 $1'$,难以确保分以下估读值完全准确无误;另外,仪器本身的结构不可能绝对精密,如经纬仪上的刻度分划并不是绝对准确。这些情况都会产生误差。

2）人为因素

由于观测者的感官鉴别能力有一定的局限性,所以,对中、整平、瞄准、读数等操作都会产生误差。观测者的习惯、工作态度、技术熟练程度等也会给观测结果带来不同程度的影响,从而不可避免地产生误差。

3）环境因素

测量工作进行时所处的外界环境中的空气温度、湿度、风力、日光照射、大气折光等客观情况时刻在发生变化,使测量结果产生误差。如温度变化使钢尺产生伸缩、阳光暴晒使水准气泡偏移、大气折光使望远镜的瞄准产生偏差、风力过大使仪器安置不稳定等都会导致测量结果的不同。

仪器、人和客观环境三个因素称为观测条件。在观测条件基本相同的情况下进行的各次观测,一般认为其观测质量基本上是一致的,称为"等精度观测";在观测条件不相同的情况下进行的各次观测,其观测质量也不一致,称为"不等精度观测"。

5.1.2　测量误差的定义和分类

测量误差是指在一定观测条件下,观测值与真值的差值,又叫观测误差。根据测量误差对测量成果的影响性质,可将误差分为系统误差和偶然误差。

1）系统误差

在相同的观测条件下,对某一未知量进行一系列观测,若误差的大小和符号保持不变,或按照一定的规律变化,这种误差称为系统误差。例如,一根名义长为 50 m 的钢尺与标准尺相比较,实际长度为 50.005 m,使用此钢尺丈量一整尺的距离,就会产生 0.005 m 的误差,丈量的距离越长,产生的误差就越大,且保持同一符号。又如,水准仪的视准轴与水准管轴不平行而引起的读数误差,与视线的长度成正比且符号不变。

系统误差主要来源于仪器工具上的某些缺陷。系统误差的特点是具有累积性,对测量结果影响较大,但这种误差有一定的规律性,可以通过一定的方法给予处理,处理的方法一般有以下 3 种。

（1）检查校正仪器,把仪器的系统误差降低到最小的程度。

（2）对称观测,使系统误差对观测成果的影响互为相反数,以便在成果计算中自行消除或减小。例如,在水准测量中采用的中间法、测角过程中采用的盘左盘右观测等都是利用对称观测来达到削弱系统误差的目的。

（3）求改正数,对观测值成果进行必要的改正。如量距前先对钢尺进行尺长鉴定,求出尺长改正,然后对量得的距离进行尺长改正。

2）偶然误差

在相同的观测条件下,对某一未知量进行一系列观测,如果观测误差的大小和符号没有明显的规律性,即从表面上看,误差的大小和符号均呈现偶然性,这种误差称为偶然误差。例如,在水平角测量中照准目标时,有时偏左,有时偏右,偏离的大小也不一样;又如,在水准测量或钢尺量距中估读毫米数时,可能偏大也可能偏小,其大小也不一样。这些误差都属于偶然误差。

偶然误差只有通过多次观测,取其平均值来减少。

在测量中,有时会出现粗差,它是一种显然与实际值不符的测量数值。对含有粗差的测量值称为坏值或异常值,在数据处理时应当剔除。

5.1.3 偶然误差的统计特性

测量误差理论主要是讨论在具有偶然误差的一系列观测值中如何求得最可靠的结果和评定观测成果的精度。所以,需要对偶然误差的性质作进一步讨论。

设某一变量的真值为 X,对此变量进行 n 次观测,得到的观测值为 $l_1, l_2, \cdots, l_n$,在每次观测中产生的偶然误差（又称"真误差"）为 $\Delta_1, \Delta_2, \cdots, \Delta_n$,则定义为

$$\Delta_n = X - l_i (i = 1, 2, \cdots, n) \tag{1.5-1}$$

从单个偶然误差来看,其符号的正负和数值的大小没有任何规律性,但是,如果观测的次数很多,观察其大量的偶然误差,就能发现隐藏在偶然性下面的必然规律,统计的数量越多,规律性也越明显。下面,结合某观测实例,用统计方法进行分析。

在某测区,等精度观测了 358 个三角形的内角之和。由于每个三角形内角之和的真值（180°）是已知值,因此,可以按式（1.5-1）计算每个三角形内角之和的偶然误差 Δi（三角形闭合差）。将它们分为负误差、正误差和误差绝对值,按绝对值由小到大排列次序。以误差区间 $d\Delta = 3''$ 进行误差个数 k 的统计,并计算其相对个数 $k/n (n = 358)$,k/n 称为误差出现的频率。

偶然误差的统计见表 1.5.1。

为了更直观地表现偶然误差的分布,可按表 1.5.1 的数据作图,如图 1.5.1 所示。以真误差的大小为横坐标,以各区间内误差出现的频率(k/n)与区间($d\Delta$)的比值为纵坐标,在每一区间上根据相应的纵坐标值画出一矩形条,则各矩形条的面积等于误差出现在该区间内的频率 k/n,所有矩形面积的总和等于 1。该图在统计学上称为"频率直方图"。从表 1.5.1 的统计中,可以得出偶然误差具有如下特性:

(1)在一定观测条件下的有限次观测中,偶然误差的绝对值不会超过一定的限值。

(2)绝对值较小的误差出现的频率大,绝对值较大的误差出现的频率小。

(3)绝对值相等的正、负误差具有大致相等的频率。

(4)当观测次数无限增大时,偶然误差的理论平均值趋近于零,即偶然误差具有抵偿性。

用公式表示为

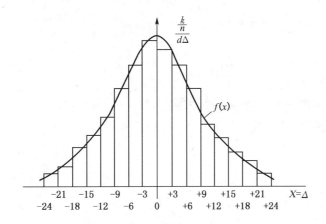

图 1.5.1　偶然误差的统计特性

表 1.5.1　偶然误差的统计

误差区间 $d\Delta(°)$	负误差		正误差		误差绝对值	
	k	k/n	k	k/n	k	k/n
0～3	45	0.126	46	0.128	91	0.254
3～6	40	0.112	41	0.115	81	0.226
6～9	33	0.092	33	0.092	66	0.184
9～12	23	0.064	21	0.059	44	0.123
12～15	17	0.047	16	0.045	33	0.092
15～18	13	0.036	13	0.036	26	0.073
18～21	6	0.017	5	0.014	11	0.031
21～24	4	0.011	2	0.006	6	0.017
24 以上	0	0	0	0	0	0
$\sum$	181	0.505	177	0.495	358	1.000

$$\lim_{n\to\infty}\frac{\Delta_1+\Delta_2+\cdots+\Delta_n}{n}=\lim_{n\to\infty}\frac{[\Delta]}{n}=0 \tag{1.5-2}$$

式中,[ ]表示取括号中数值的代数和。

以上根据358个三角形角度观测值的闭合差作出的误差出现频率直方图的基本图形,表现为中间高、两边低并向横轴逐渐逼近的对称图形,并不是一个特例,而是统计偶然误差时出现的普遍规律,并且可以用数学公式表示。

若误差的个数无限增大($n\to\infty$),同时又无限缩小误差的区间$d\Delta$,则图1.5.1中各矩形条顶边的折线就逐渐成为一条光滑的曲线。该曲线在概率论中称为正态分布曲线,它完整地表示了偶然误差出现的概率P。即当$n\to\infty$时,上述误差区间内误差出现的频率趋于稳定,称为误差出现概率。

正态分布曲线的数学方程式为

$$f(\Delta)=\frac{1}{\sigma\sqrt{2\pi}}e^{-\frac{\Delta^2}{2\sigma^2}} \tag{1.5-3}$$

式中:π——圆周率;

e——自然对数的底数;

σ——标准差,标准差的平方是方差,即σ^2。

方差为偶然误差平方的理论平均值。方差为

$$\sigma^2=\lim_{n\to\infty}\frac{\Delta_1^2+\Delta_2^2+\cdots+\Delta_n^2}{n}=\lim_{n\to\infty}\frac{[\Delta^2]}{n} \tag{1.5-4}$$

标准差为

$$\sigma=\pm\lim_{n\to\infty}\sqrt{\frac{[\Delta^2]}{n}}=\lim_{n\to\infty}\sqrt{\frac{[\Delta\Delta]}{n}} \tag{1.5-5}$$

由上式可知,标准差的大小取决于在一定条件下偶然误差出现的绝对值的大小。由于在计算标准差时取各个偶然误差的平方和,所以,当出现较大绝对值的偶然误差时,在标准差的数值大小中会得到明显的反映。

5.2　衡量精度的标准

在测量中,为了说明测量成果的精确程度,必须确定一个衡量测量成果的统一标准,衡量精度的标准有多种,在测量中常用的精度标准有以下3种。

5.2.1　中误差

在相同的观测条件下,对一个未知量进行n次观测,其观测值分别为$l_1,l_2,\cdots,l_n$,相应的真误差为$\Delta_1,\Delta_2,\cdots,\Delta_n$,则中误差为

$$m = \pm\sqrt{\frac{[\Delta\Delta]}{n}} \qquad (1.5\text{-}6)$$

式中：$[\Delta\Delta] = \Delta_1^2 + \Delta_2^2 + \cdots + \Delta_n^2$。

从式(1.5-6)可以看出，中误差不等于真误差，它仅是一组真误差的代表值。理论证明，按式(1.5-6)计算的中误差，约有70%的置信度代表着误差列的取值范围和观测列的离散程度。因此，用中误差作为评定精度的标准是科学的。中误差越小，精度越高；反之，精度越低。同时，还能够明显地反映出测量结果中较大误差的影响。

为了统一衡量在一定观测条件下观测结果的精度，取标准差 σ 作为依据是比较合适的。但是，在实际测量工作中，不可能对某一量作无穷多次观测，因此，定义按有限的几次观测的偶然误差求得的标准差为中误差 m，即

$$m = \pm\sqrt{\frac{[\Delta_1^2 + \Delta_2^2 + \cdots + \Delta_n^2]}{n}} = \pm\sqrt{\frac{[\Delta\Delta]}{n}} \qquad (1.5\text{-}7)$$

例如，对10个三角形的内角和进行了两组观测，根据两组观测值中的偶然误差(三角形的角度闭合差—真误差)，分别计算其中误差，见表1.5.2。

表 1.5.2 中误差计算表

次序	第一组观测			第二组观测		
	观测值 l	真误差 $\Delta('')$	Δ^2	观测值 l	真误差 $\Delta('')$	Δ^2
1	$180°00'03''$	-3	9	$180°00'00''$	0	0
2	$180°00'02''$	-2	4	$179°59'59''$	$+1$	1
3	$179°59'58''$	$+2$	4	$180°00'07''$	-7	49
4	$179°59'56''$	$+4$	16	$180°00'02''$	-2	4
5	$180°00'01''$	-1	1	$180°00'01''$	-1	1
6	$180°00'00''$	0	0	$179°59'59''$	$+1$	1
7	$180°00'04''$	-4	16	$179°59'52''$	$+8$	64
8	$179°59'57''$	$+3$	9	$180°00'00''$	0	0
9	$179°59'58''$	$+2$	4	$179°59'57''$	$+3$	9
10	$180°00'03''$	-3	9	$180°00'01''$	-1	1
$\sum \lvert\ \rvert$		24	72		24	130
中误差	$m_1 = \pm\sqrt{\dfrac{\sum\Delta^2}{10}} = \pm 2''.7$			$m_2 = \pm\sqrt{\dfrac{\sum\Delta^2}{10}} = \pm 3''.6$		

由此可见，第二组观测值的中误差 $m_2 >$ 第一组观测值中误差 m_1。虽然这两组观测值的误差绝对值之和是相等的，可是在第二组观测值中出现了较大的误差($-7''$，$+8''$)，因此，计算出来的中误差就较大，或者相对来说其精度较低。

5.2.2　相对中误差

在某些测量工作中,对于精度的评定,在很多情况下用中误差这个标准是不能完全描述对某量观测的精确度的。例如,用钢尺丈量长度分别为 100 m 和 200 m 的两段距离,中误差 $m_1 = \pm 2$ cm, $m_2 = \pm 2$ cm,虽然两段距离的中误差相等,但不能说明两段距离的精度相同,因为距离丈量的误差与距离的长短有关。为此,引入相对中误差作为评定精度的另一种标准。中误差的绝对值与观测值之比,并将分子化为 1,分母取整数,称为相对中误差。即

$$K = \frac{|m|}{D} = \frac{1}{\dfrac{D}{|m|}} \tag{1.5-8}$$

在上例中用相对误差来衡量精度,则两段距离的相对误差分别为 $K_1 = 1/5\,000$, $K_2 = 1/10\,000$, $K_1 > K_2$ 说明后者精度较高。所以相对误差能够确切表达距离丈量的精度。相对中误差不能用于评定测角的精度,因为角度误差与角度大小无关。

在一般距离丈量中,为了计算方便,通常用往返各丈量一次,取往返丈量之差与往返丈量的距离平均值之比,将分子化为 1,分母取整数来评定距离丈量的精度,称为相对误差。

对于真误差和极限误差,有时也用相对误差来表示。如,经纬仪导线测量时,规范中所规定的相对闭合差不能超过 1/2 000,它就是相对极限误差;而在实测中所产生的相对闭合差,则是相对真误差。与相对误差相对应,真误差、中误差、极限误差等均称为绝对误差。

5.2.3　极限误差

偶然误差的绝对值不会超过一定的限值,这个限值称为极限误差,也叫限差,又称为允许误差,或最大误差。由偶然误差的第一个特性可知,在一定的观测条件下,如果在测量过程中某一量的观测值的误差超过了这个限值,我们就认为此观测值不符合要求,应该舍去。理论误差和测量误差实践表明:在一组等精度观测误差中,绝对值大于两倍中误差的偶然误差出现的机会仅占总数的 5%,大于三倍中误差的偶然误差的出现机会仅占总数的 3‰。因此,在观测次数不多的情况下,可认为大于三倍中误差的偶然误差实际上是不可能出现的。故常以三倍中误差作为偶然误差的极限值,称为极限误差,即

$$\Delta_{限} = 3m \tag{1.5-9}$$

在实际工作中,一般常以两倍中误差作为极限值,即

$$\Delta_{限} = 2m \tag{1.5-10}$$

如果在观测值中出现了超过极限误差的误差则被认为是粗差,该观测值不可靠,应舍去重测。

5.3　误差传播定律

前面已经叙述了评定观测值的精度指标，并指出在测量工作中一般采用中误差作为评定精度的指标。但在实际测量工作中，往往会碰到有些未知量是不可能或者是不便于直接观测的，而由一些可以直接观测的量，通过函数关系间接计算得出，这些量称为间接观测量。直接观测量的误差以一定的方式传递给间接观测量，称为误差传播。误差传播定律即各观测值中误差与函数中误差之间关系的定律，被广泛用来计算和评定函数值的精度。例如，三角形内角和 $W=A+B+C$，而 A、B、C 的观测值都是有误差的，它们的误差引起内角和 W 也有误差，但函数的误差并不是简单的代数和关系，而是有一定的规律。

例如，一个水平角的观测要由两个方向的观测值(读数)计算出来，设水平角为 Z，两个方向的观测值为 X_1、X_2，则 $Z=X_2-X_1$，这是一个简单的函数式。Z 称为 X_1、X_2 的函数，X_1、X_2 称为变量。从式中可以看出，函数 Z 的精度是由变量 X_1、X_2 的精度决定的，变量 X_1、X_2 的精度一经决定，函数 Z 的精度也就决定了。对同一个未知量进行多次观测，那么，函数的中误差与构成函数各变量的中误差之间，究竟存在怎样的关系呢？

5.3.1　线性函数的中误差

1）倍数函数

$$Z=Kx \tag{1.5-11}$$

函数中误差：

$$m_Z=\pm\sqrt{K^2m_x^2}=\pm Km_x \tag{1.5-12}$$

2）和差函数

$$Z=x_1\pm x_2\pm\cdots\pm x_n \tag{1.5-13}$$

函数中误差：

$$m_Z=\pm\sqrt{m_1^2+m_2^2+\cdots+m_n^2} \tag{1.5-14}$$

3）线性函数

$$Z=k_1x_1\pm k_2x_2\pm\cdots\pm k_nx_n \tag{1.5-15}$$

函数中误差：

$$m_Z=\pm\sqrt{k_1^2m_1^2+k_2^2m_2^2+\cdots+k_n^2m_n^2} \tag{1.5-16}$$

式中：$k_1,k_2,\cdots,k_n$——常数；
$x_1,x_2,\cdots,x_n$——独立直接观测值。

下面简单举例说明有关线性函数的中误差的求法。

[**例 1.5-1**]　在比例尺为 $1:500$ 的地形图上，量得两点的长度为 $d = 23.4\,\text{mm}$，其中误差 $m_D = \pm 0.2\,\text{mm}$，求该两点的实际距离 D 及其中误差 m_D。

解　函数关系式：$D = Md$，属倍数函数，$M = 500$ 是地形图比例尺分母。

$$D = Md = 500 \times 23.4 = 11\,700\,\text{mm} = 11.7\,\text{m}$$

$$m_D = Mm_D = 500 \times (\pm 0.2) = \pm 100\,\text{mm} = \pm 0.1\,\text{m}$$

两点的实际距离结果可写为：$11.7\,\text{m} \pm 0.1\,\text{m}$。

5.3.2　一般函数的中误差

设 Z 是独立观测量 $x_1, x_2, \cdots, x_n$ 的函数，即

$$Z = f(x_1, x_2, \cdots, x_n)$$

式中：$x_1, x_2, \cdots, x_n$ ——直接观测量，它们相应的观测值的中误差分别为 $m_1, m_2, \cdots, m_n$，将式 $Z = f(x_1, x_2, \cdots, x_n)$ 用泰勒级数展开成线性函数的形式，再对线性函数取全微分，再求偏导真误差，其关系式为

$\Delta y = \dfrac{\partial f}{\partial x_1} \cdot \Delta x_1 + \dfrac{\partial f}{\partial x_2} \cdot \Delta x_2 + \cdots + \dfrac{\partial f}{\partial x_n} \cdot \Delta x_n$，转换为中误差关系式为

$$m_y^2 = \left(\frac{\partial f}{\partial x_1}\right)^2 m_1^2 + \left(\frac{\partial f}{\partial x_2}\right)^2 m_2^2 + \cdots + \left(\frac{\partial f}{\partial x_n}\right)^2 m_n^2 \tag{1.5-17}$$

式 (1.5-17) 即为观测值一般函数中误差的计算公式。非线性函数应用误差传播定律计算函数中误差时，先列出函数式，再分别对各变量求一阶导数使之转化成线性函数，再代入中误差传播公式求出函数中误差。

5.4　观测值的精度评定

5.4.1　算术平均值

研究误差的目的除了评定观测精度外，就是对带有误差的观测值给予适当的处理，以求其最或然值（最可靠值）。根据偶然误差的特性可取算术平均值作为最或然值。

设对某量进行 n 次等精度观测，观测值为 $l_1, l_2, \cdots, l_n$，则该量的算术平均值 x 为

$$x = \frac{l_1 + l_2 + \cdots + l_n}{n} = \frac{[l]}{n} \tag{1.5-18}$$

下面将说明算术平均值为什么是最或然值。

设该量的真值为 X，观测值为 l_i，则观测值的真误差为

$$\Delta_1 + l_1 - X$$
$$\Delta_2 + l_2 - X$$
$$\cdots$$
$$\Delta_n + l_n - X$$

将上式求和并除以 n,得

$$\frac{[\Delta]}{n} = \frac{[l]}{n} - X$$

根据偶然误差的特性,当观测次数 n 无限增大时,则有

$$\lim_{n \to \infty} \frac{[\Delta]}{n} = 0$$

即可得出

$$x \approx X$$

由此可知,当观测次数无限增多时算术平均值 x 趋于真值 X。在实际工作中观测次数是有限的,所以算术平均值就不可能视为所求量的真值。但是随着观测次数的增加,平均值 x 趋近于真值 X。在计算时,不论观测次数的多少均以算术平均值作为所求量的最或然值(接近于真值的值),这是误差理论中的一个公理。

但应当指出,不同精度的观测值不能取算术平均值作为最或然值。

5.4.2　平差值

尽管用算术平均值作为观测值的最或然值,但算术平均值中依然存在偶然误差,例如在闭合导线中,每个转角都是根据若干个测回的角值取平均值得来的,但仍然有角度闭合差。在闭合水准路线测量中,采用双仪高或双面尺法取平均高差作为测站高差,但整个水准路线中仍存在高度闭合差。为了消除闭合差,使得图形的几何条件得以满足,就必须用合理的方法予以解决。按照误差理论,通常采用平差的方法消除闭合差。

用平差的方法消除闭合差主要有两个步骤。

1) 求改正数

外业观测结果经校核符合要求后,即可通过求改正数的方法以消除不符值(闭合差),如在闭合导线计算中,因导线转角的误差导致多边形内角和与理论上的内角和存在不符值,如果不符值在规定允许范围内,便可通过求改正数以消除不符值,使之满足理论条件。其改正数为

$$v = \frac{w}{n} \tag{1.5-19}$$

式中:v——改正数;

　　n——多边形的边数;

　　w——多边形闭合差。

导线测量中因边长误差引起的坐标增量闭合差也可通过求改正数的方法予以消除。

在水准测量中由于各测站的高差误差导致水准路线产生的高差闭合差,同样可通过求改

正数的方法消除。

2）求平差值

求改正数的目的是为了消除不符值,其方法是对观测值加以改正求得平差值(改正值)。

改正后的观测值叫平差值(即平差值等于观测值加上改正数)。用平差值进行计算便能满足图形的几何条件,达到平差的目的。例如,在闭合导线内业计算时,把角度闭合差按转角个数反符号平均分配给各个角度,使得改正后的角度(平差值)之和满足多边形内角和的理论值条件;把坐标增量闭合差按导线边长成正比反符号分配给各边的坐标增量,使得改正后的坐标增量之和为 0,达到消除闭合差的目的。

5.4.3 用真误差计算观测值的中误差

由式(1.5-1)可计算出观测值的真误差,根据一组同精度的真误差按式(1.5-6)便可计算出观测值的中误差。

〔**例 1.5-2**〕 有甲、乙两组各自用相同的条件观测了六个三角形的内角,得三角形的闭合差(即三角形内角和的真误差)分别为

甲:$+3''$、$+1''$、$-2''$、$-1''$、$0''$、$-3''$;

乙:$+6''$、$-5''$、$+1''$、$-4''$、$-3''$、$+5''$。

试分析两组的观测精度。

解 用中误差公式(1.5-6)计算得

$$m_甲 = \pm\sqrt{\frac{[\Delta\Delta]}{n}} = \pm\sqrt{\frac{3^2+1^2+(-2)^2+(-1)^2+0^2+(-3)^2}{6}} = \pm2.0''$$

$$m_乙 = \pm\sqrt{\frac{[\Delta\Delta]}{n}} = \pm\sqrt{\frac{6^2+(-5)^2+1^2+(-4)^2+(-3)^2+5^2}{6}} = \pm4.3''$$

$m_甲 < m_乙$,表示第一组观测值的精度高于第二组。

5.4.4 用最或然误差计算观测值中误差

1）观测值中误差

在通常情况下,观测值的真值是不知道的,因此,也就无法根据真误差计算中误差。但是,我们可以根据算术平均值与观测值之差,即最或然误差 $v(v=x-l)$,按下式来计算观测值的中误差,即

$$m = \pm\sqrt{\frac{[vv]}{n-1}} \tag{1.5-20}$$

式(1.5-20)也称为白塞尔公式。

用最或然误差计算观测值中误差的步骤如下:

（1）检查外业观测记录,将观测值填入计算表格。

（2）按式(1.5-18)计算观测值的算术平均值。

（3）计算最或然值 $v = x - 1$ 并用 $[v] = 0$ 进行检查。

（4）将各个最或然值误差 v 平方并求和。

（5）按式(1.5-19)计算观测值的中误差。

[**例 1.5-3**] 设对线段 AB 丈量 6 次，其结果列于表 1.5.3 中。试求：算术平均值、观测中误差、算术平均值的中误差及相对误差。

表 1.5.3 观测值中误差计算

观测次数	观测值 l(m)	观测值改正数 v(mm)	vv
1	148.643	-15	225
2	148.590	$+38$	1 444
3	148.610	$+18$	324
4	148.624	$+4$	16
5	148.654	-26	676
6	148.647	-19	361
平均	148.628	$[v]=0$	3 046

解 为使计算成果清晰，计算结果全部列于表中。

算术平均值

$$x = \frac{[l]}{n} = 148.628 \text{ m}$$

观测值中误差

$$m = \pm\sqrt{\frac{[vv]}{n-1}} = \pm\sqrt{\frac{3\,046}{6-1}} = \pm 24.7 \text{ mm}$$

2）算术平均值的中误差

根据误差理论得知，算术平均值的中误差为

$$M = \frac{m}{\sqrt{n}} = \pm\sqrt{\frac{[vv]}{n(n-1)}} \qquad (1.5-21)$$

例如，根据表 1.5.3 已经求得观测值的中误差 $m = \pm 24.7 \text{ mm}$，现在用式(1.5-21)计算距离 AB 算术平均值的中误差为

$$M = \frac{m}{\sqrt{n}} = \pm\sqrt{\frac{[vv]}{n(n-1)}} = \pm\sqrt{\frac{3\,046}{6(6-1)}} = \pm 10.1 \text{ mm}$$

还可以求出距离 AB 的算术平均值的相对误差为

$$K = \frac{|M|}{D} = \frac{0.0101 \text{ m}}{148.628 \text{ m}} = \frac{1}{14\,716}$$

从以上计算可以看出，算术平均值的中误差小于观测值的中误差，说明算术平均值的精度

高于任一观测值的精度,因此,增加观测次数 n 可以提高观测结果的精度,但是过多的增加观测次数会加大野外观测工作量。实验表明,当观测次数达到 20 次以上后精度提高的幅度很小,所以,靠增加观测次数来提高精度是不科学的,提高精度的关键还在于提高每次观测的质量。

思考与讨论

1. 误差按其性质可分为哪几类?
2. 偶然误差与系统误差有什么不同点? 偶然误差的统计特性是什么?
3. 什么是中误差、相对误差和极限误差?
4. 在相同的观测条件下,对一线段丈量 5 次的结果为:158.132 m、158.141 m、158.135 m、158.143 m、158.139 m。试求算术平均值、算术平均值的中误差及相对误差。

【实训】
测量误差的操作和处理。

任务 6　控制测量

学习目标

- 熟知控制测量的基本术语;
- 熟知导线测量的基本知识;
- 熟知三角高程测量的基本知识;
- 具备实施导线测量外业工作的技能;
- 具备导线测量内业计算的技能;
- 具备实施三角高程测量的技能。

任务内容

本任务介绍了控制测量的相关理论,导线测量的内、外业工作,控制点加密的交会法和高程控制测量方法等内容。

6.1　控制测量概述

在工程测量中,为限制测量误差的积累,保证必要的测量精度,应按照"从整体到局部,先控制后碎步,由高级到低级"的原则,首先在整个测区选定若干具有控制意义的点,称为控制点,由这些点就构成控制网。用较精密的仪器和严谨的方法,观测、计算出这些点平面位置和高程的工作,称为控制测量。控制网分为平面控制网和高程控制网,测定控制点平面位置的工作称为平面控制测量;测定控制点高程的工作称为高程控制测量。

6.1.1　平面控制测量

在全国范围内建立的平面控制网,称为国家平面控制网。国家平面控制网采用逐级控制、分级布设的原则,分一、二、三、四 4 个等。传统的国家平面控制网主要采用三角测量或导线测量等方法建立。

在小于 10 km² 的范围内建立的控制网,称为小区域控制网。在建立小区域平面控制网时,应尽量与已建立的国家或城市控制网联测,将国家或城市高级控制点的坐标作为小区域控制网的起算和校核数据。如果测区内或测区周围无高级控制点,或者是不便于联测时,也可建立独立平面控制。小区域控制网可分为二、三、四等三角网,一、二级小三角网或三、四等,一、二、三级导线网,主要采用三角测量或导线测量的方法建立。

6.1.2　高程控制测量

国家高程控制网也是采用从整体到局部,由高级到低级,分级布设逐级控制的原则布设的。国家高程控制网是用精密水准测量方法建立的,所以又称国家水准网。国家水准网分为一、二、三、四 4 个等级。

小区域高程控制网是用水准测量方法建立的,按其精度要求分为二、三、四、五等水准测量。根据测区的大小,各级水准均可首级控制。首级控制网应布设成环形路线,加密时宜布设成附合路线或结点网。在困难地区,高程控制量可采用三角高程测量的方法实施。目前,光电测距三角高程测量可以代替四、五等水准测量。

随着卫星定位技术的发展,目前卫星定位测量已成为建立平面控制网的主要方法。应用 GPS 技术建立的控制网称为 GPS 控制网,根据《全球定位系统(GPS)测量规范》(GB/T 18314—2009),GPS 测量按其精度分为 A、B、C、D、E 五级,特别是随着国家 2000 坐标系统的应用,卫星定位技术将成为控制网施测的主要方法。

本任务主要介绍小区域内建立平面控制网的导线测量,建立高程控制网的三、四等水准测量和三角高程测量。

6.2　导线测量

将测区内相邻控制点用直线连接而构成的连续折线,称为导线。构成导线的控制点,称为导线点。相邻导线边之间的水平角称为转折角。导线测量就是依次测定各导线边的长度和各转折角,根据起算数据,推算出各导线点坐标的工作。

导线测量是小区域平面控制网建立的常用方法,特别适合在地物分布复杂的建筑区、视线障碍较多的隐蔽区和带状地区等。

6.2.1　导线的布设形式

导线按其布设形式可分为三种。

1) 附合导线

如图 1.6.1 所示,导线起始于已知边 AB 的一个已知控制点 A,经过若干个导线点后终止于另一已知边 CD 的一个已知控制点 C,这样的导线称为附合导线。

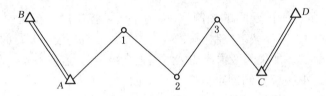

图 1.6.1　附合导线

2) 闭合导线

如图 1.6.2 所示,由已知边 AB 的一个已知控制点 A 出发,经过若干个导线点后,又回到原来的已知点 A,形成一个闭合多边形,这样的导线称为闭合导线。

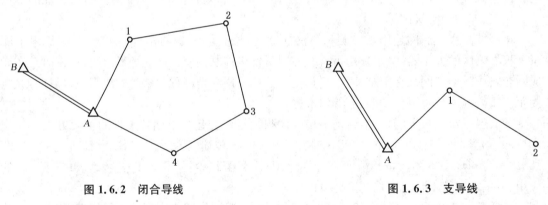

图 1.6.2　闭合导线　　　　　　　　图 1.6.3　支导线

3) 支导线

如图 1.6.3 所示,从已知边 AB 的一个已知控制点 A 出发,既不附合到另一个已知控制点,也不回到原来的已知控制点,这样的导线称为支导线。由于支导线没有检核条件,故支导线的导线点个数不宜超过 2 个。

6.2.2　导线的等级及导线测量技术要求

按平面控制网的精度,小区域内导线可分为三、四等和一、二、三级。根据《工程测量规范》(GB 50026—2007)的规定,导线测量的主要技术要求如表 1.6.1 所示。

表 1.6.1　导线测量的主要技术要求

等级	导线长度（km）	平均边长（km）	测角中误差（"）	测距中误差（mm）	测距相对中误差	测回数			方位角闭合差（"）	导线全长相对闭合差
						1"级仪器	2"级仪器	6"级仪器		
三等	14	3	1.8	20	1/150 000	6	10	—	$3.6\sqrt{n}$	≤1/55 000
四等	9	1.5	2.5	18	1/80 000	4	6	—	$5\sqrt{n}$	≤1/35 000
一级	4	0.5	5	15	1/30 000	—	2	4	$10\sqrt{n}$	≤1/15 000
二级	2.4	0.25	8	15	1/14 000	—	1	3	$16\sqrt{n}$	≤1/10 000
三级	1.2	0.1	12	15	1/7 000	—	1	2	$24\sqrt{n}$	≤1/5 000

注：① 表中 n 为测站数。
② 当测区测图的最大比例尺为 1:1 000，一、二、三级导线的导线长度、平均边长可适当放长，但最大长度不应大于表中规定相应长度的 2 倍。

6.2.3　导线测量的外业工作

导线测量的外业工作主要包括踏勘选点及建立标志、测边、测角和联测。

1）踏勘选点及建立标志

在踏勘选点之前，应收集测区已有地形图和已有控制点成果资料等，在图纸上初步拟定导线布设线路，然后到野外踏勘选点，建立标志。

选点时应注意下列事项：

（1）相邻点间应通视良好，便于测角和量距。

（2）点位应选在土质坚实，便于安置仪器和保存标志的地方。

（3）导线点应选在视野开阔的地方，便于碎部测量。

（4）导线点应有足够的密度，分布均匀，便于控制整个测区。

（5）导线边长应大致相等，避免相邻边长度差距过大，相邻边长度之比不要超过 3 倍。

导线点位置选定后，应根据需要建好标志。若导线点需要长期保存，需埋设混凝土桩或标石，并在桩顶刻十字，作为标志中心；若导线点为临时点，只需在地面上打一大木桩，桩顶钉一小钉，作为标志中心。为便于寻找和使用，应对导线点进行统一编号，标注在导线点附近，并绘制导线点的"点之记"。

2）测边

导线边长可用钢尺丈量或光电测距仪测定，现在多用全站仪测定，测边应符合表 1.6.1 的要求。

3）测角

导线转折角的测量一般采用测回法观测。导线的转折角有左、右之分，应以导线为界，按前进方向顺序编号。测角应符合表 1.6.1 的要求。

4）联测

导线与高级控制点进行联测，以获取坐标和坐标方位角的起算数据。如图 1.6.4 所示，A、B 为已知高等级控制点，1～5 为新布设的导线点，联测就是观测连接角 β_B、β_1 和连接边 D_{B1}。

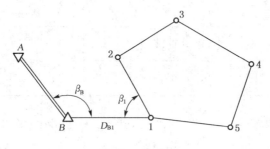

图 1.6.4 联测

如果附近没有高等级控制点，可以假定起始点坐标，用罗盘仪测定起始边的磁方位角作为起算数据。

6.2.4 导线测量的内业计算

导线测量外业结束后，就要进行内业计算，求出导线点的坐标。内业计算前，要全面检查外业记录，确认无误后，绘制观测成果略图，如图 1.6.5 所示。

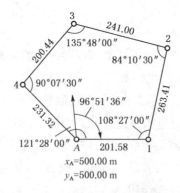

图 1.6.5 闭合导线成果略图

1）闭合导线内业计算

如图 1.6.5 所示，为一闭合导线观测成果略图，已知 A 点的坐标为 (500.00,500.00)，起始边 $A1$ 的坐标方位角为 $\alpha_{A1} = 96°51'36''$，计算其他导线点的坐标。

（1）角度闭合差的计算与调整

由于测量中存在误差，导致我们测得的多边形内角和与其理论值不等，二者之差称为角度闭合差，一般用 f_β 表示。即

$$f_\beta = \sum \beta_测 - \sum \beta_理 \qquad (1.6\text{-}1)$$

对于 n 边形其内角和的理论值为

$$\sum \beta_理 = (n-2) \times 180° \qquad (1.6\text{-}2)$$

角度闭合差的容许值见表 1.6.1，对于图根导线，角度闭合差的容许值 $f_{\beta容} = \pm 60'' \sqrt{n}$。式中：$n$ 为观测角个数。若 $f_\beta > f_{\beta容}$，即角度闭合差超出规定的容许值时，则应查找原因，进行返工重测；若 $f_\beta \leqslant f_{\beta容}$，即角度闭合差在容许值范围内，因各角都是在同精度条件下观测的，故可将闭合差按相反符号平均分配到各角上，则各角的改正数 v_i 为

$$v_i = -\frac{f_\beta}{n} \qquad (1.6\text{-}3)$$

本例中：

$$f_\beta = \sum \beta_测 - \sum \beta_理 = 540°01'00'' - (5-2) \times 180° = 60''$$

$$f_{\beta容} = \pm 60'' \sqrt{n} = \pm 60'' \sqrt{5} = \pm 134''$$

$$v_i = -\frac{f_\beta}{n} = -\frac{60''}{5} = -12''$$

（2）各导线边坐标方位角的推算

根据导线行进方向，以导线为界，在导线左侧的转折角称为左角，在导线右侧的转折角称为右角，则导线边坐标方位角的推算公式为

$$\alpha_前 = \alpha_后 \pm \beta \mp 180° \qquad (1.6\text{-}4)$$

其中加左角，减右角，并注意 α 的取值范围介于 $0° \sim 360°$，当 α 大于 $360°$ 时减去 $360°$；当 α 为负值时加上 $360°$。对于闭合导线一般计算其内角，再按推算方向套用左角或右角进行计算。

本例中：坐标方位角计算套用左角公式 $\alpha_前 = \alpha_后 + \beta_左 - 180°$，角度利用改正后的角度，若改正后的角度用 β'_i 表示，则

$$\alpha_{12} = \alpha_{A1} + \beta'_1 - 180° = 96°51'36'' + 108°26'48'' - 180° = 25°18'24''$$

同理

$$\alpha_{23} = \alpha_{12} + \beta'_2 - 180° = 25°18'24'' + 84°10'18'' - 180° = -70°31'18''$$

因此计算结果需加上 360°,则

$$\alpha_{23} = 289°28'42''$$

$$\alpha_{34} = 245°16'30''$$

$$\alpha_{4A} = 155°23'48''$$

检核:$155°23'48'' + 121°27'48'' - 180° = 96°51'36'' = \alpha_{A1}$

(3)各导线边坐标增量的计算

在平面直角坐标系中,相邻两导线点的坐标之差称为坐标增量,纵坐标增量和横坐标增量分别用 Δx_{ij} 和 Δy_{ij} 表示,则

$$\left.\begin{array}{l} \Delta x_{ij} = D_{ij} \cos \alpha_{ij} \\ \Delta y_{ij} = D_{ij} \sin \alpha_{ij} \end{array}\right\} \tag{1.6-5}$$

本例中

$$\Delta x_{A1} = D_{A1} \cos \alpha_{A1} = 201.58 \cos 96°51'36'' = -24.08 \text{ m}$$

$$\Delta y_{A1} = D_{A1} \sin \alpha_{A1} = 201.58 \sin 96°51'36'' = 200.14 \text{ m}$$

同理,依次计算出其他各导线边的纵、横坐标增量。

(4)坐标增量闭合差的计算与调整

由于测角与测距均存在误差,坐标增量的测量值与理论值不等,二者之差称为坐标增量闭合差,分为纵坐标增量闭合差和横坐标增量闭合差,一般用 f_x 和 f_y 表示。则

$$\left.\begin{array}{l} f_x = \sum \Delta x_{测} - \sum \Delta x_{理} \\ f_y = \sum \Delta y_{测} - \sum \Delta y_{理} \end{array}\right\} \tag{1.6-6}$$

对于闭合导线,由于起点和终点是同一个点,其理论闭坐标增量应等于零。即

$$\left.\begin{array}{l} \sum \Delta x_{理} = 0 \\ \sum \Delta y_{理} = 0 \end{array}\right\} \tag{1.6-7}$$

根据 f_x 和 f_y 可以计算出导线全长闭合差 f_D,则

$$f_D = \sqrt{f_x^2 + f_y^2} \tag{1.6-8}$$

为衡量导线测量测距精度,通常用导线全长相对闭合差 K 表示,则

$$K = \frac{f_D}{\sum D} = \frac{1}{\dfrac{\sum D}{f_D}} \tag{1.6-9}$$

本例中：

$$f_x = \sum \Delta x_测 = +0.25 \text{ m}$$

$$f_y = \sum \Delta y_测 = -0.22 \text{ m}$$

$$f_D = \sqrt{f_x^2 + f_y^2} = \sqrt{0.25^2 + (-0.22)^2} = 0.33 \text{ m}$$

$$K = \frac{f_D}{\sum D} = \frac{1}{\dfrac{\sum D}{f_D}} = \frac{1}{\dfrac{1\ 137.75}{0.33}} \approx \frac{1}{3\ 448}$$

对于不同等级的导线，其全长相对闭合差的限差见表 1.6.1，对于图根导线的导线全长相对闭合差的限差 $K_容 = \dfrac{1}{2\ 000}$。当 $K > K_容$ 时，应对距离进行检核，确定重测导线段；当 $K \leqslant K_容$ 时，说明观测满足精度要求，可进行调整。坐标增量闭合差的调整原则是将 f_x 和 f_y 反符号按与边长成正比例分配到各边的纵、横坐标增量中去，称为坐标增量改正数，分为纵坐标增量改正数和横坐标增量改正数，一般用 $v_{x_{ij}}$ 和 $v_{y_{ij}}$ 表示，即

$$\left. \begin{array}{l} v_{x_{ij}} = -\dfrac{f_x}{\sum D} D_{ij} \\[3mm] v_{y_{ij}} = -\dfrac{f_y}{\sum D} D_{ij} \end{array} \right\} \tag{1.6-10}$$

因此，改正后的坐标增量等于观测中计算出的坐标增量加上其对应的改正数。

本例中：

$$v_{xA1} = -\frac{f_x}{\sum D} D_{A1} = -\frac{+0.25}{1\ 137.75} \times 201.58 = -0.04 \text{ m}$$

$$v_{yA1} = -\frac{f_y}{\sum D} D_{A1} = -\frac{-0.22}{1\ 137.75} \times 201.58 = +0.04 \text{ m}$$

同理，可以计算出其他各导线点的坐标增量改正数，然后计算出改正后的坐标增量。

（5）导线点坐标的推算

根据起始点坐标和改正后的坐标增量，可以计算出各待定导线点的坐标。若改正后的纵、横坐标增量分别用 $\Delta x'_{ij}$ 和 $\Delta y'_{ij}$ 表示，则

$$\left. \begin{array}{l} x_j = x_i + \Delta x'_{ij} \\[2mm] y_j = y_i + \Delta y'_{ij} \end{array} \right\} \tag{1.6-11}$$

本例中：

$$x_1 = x_A + \Delta x'_{A1} = 500.00 - 24.12 = 475.88 \text{ m}$$

$$y_1 = y_A + \Delta y'_{A1} = 500.00 + 200.18 = 700.18 \text{ m}$$

同理，可以计算出其他各导线点的坐标。

图 1.6.5 所示的闭合导线内业计算结果见表 1.6.2。

2）附合导线内业计算

附合导线计算步骤与导线基本相同。只是由于二者已知条件不同，其角度闭合差和坐标增量闭合差的计算不同。

如图 1.6.6 所示，为一附合导线成果略图，其已知数据和观测数据已附图中。计算结果见表 1.6.3。

（1）角度闭合差的计算

由于附合导线两端都有已知方向，可由起始边的方位角和测量的转折角推算出导线终边的坐标方位角。由于测角存在误差，导致导线终边推算的坐标方位角与已知方位角不等，其差值即为附合导线的角度闭合差，若推算的导线终边的方位角用 $\alpha'_{终}$ 表示，则

$$f_\beta = \alpha'_{终} - \alpha_{终} \tag{1.6-12}$$

本例中：推算方位角时，应套用右角公式 $\alpha_{前} = \alpha_{后} - \beta_{右} + 180°$ 进行计算。

（2）坐标增量闭合差的计算

对于附合导线，其理论坐标增量等于终点坐标与起点坐标之差。即

$$\left.\begin{array}{l} \sum \Delta x_{理} = x_{终} - x_{始} \\ \sum \Delta y_{理} = y_{终} - y_{始} \end{array}\right\} \tag{1.6-13}$$

3）支导线内业计算

由于支导线缺少多余的检核条件，因此其计算相对简单。其计算步骤为：

（1）导线边方位角的推算。

（2）导线边坐标增量的计算。

（3）导线点坐标的推算。

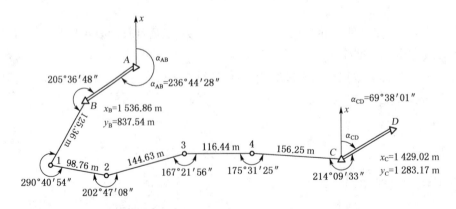

图 1.6.6　附合导线成果略图

表 1.6.2　闭合导线坐标计算表

点号	观测角 (°′″)	改正数 (°′″)	改正后角度 (°′″)	方位角 (°′″)	边长 (m)	纵坐标增量 改正前 (m)	纵坐标增量 改正数 (m)	纵坐标增量 改正后 (m)	横坐标增量 改正前 (m)	横坐标增量 改正数 (m)	横坐标增量 改正后 (m)	坐标 x (m)	坐标 y (m)	点号
1	2	3	4	5	6	7	8	9	10	11	12	13	14	15
A												500.00	500.00	A
1	108 27 00	−12	108 26 48	96 51 36	201.58	−24.08	−0.04	−24.12	+200.14	+0.04	+200.18	475.88	700.18	1
2	84 10 30	−12	84 10 18	25 18 24	263.41	+238.13	−0.06	+238.07	+112.60	+0.05	+112.65	713.95	812.83	2
3	135 48 00	−12	135 47 48	289 28 42	241.00	+80.36	−0.06	+80.30	−227.21	+0.05	−227.16	794.25	585.67	3
4	90 07 30	−12	90 07 18	245 16 30	200.44	−83.84	−0.04	−83.88	−182.06	+0.04	−182.02	710.37	403.65	4
A	121 28 00	−12	121 27 48	155 23 48	231.32	−210.32	−0.05	−210.37	+96.31	+0.04	+96.35	500.00	500.00	A
1				96 51 36										
Σ	540 01 00	−60	540 00 00		1 137.75	+0.25	−0.25	0.00	−0.22	+0.22	0.00			

辅助计算

附图：

$$f_\beta = \sum \beta_测 - \sum \beta_理 = 540°01'00'' - (5-2)\times 180°$$
$$= 60''$$
$$f_容 = \pm 60''\sqrt{n} = \pm 60''\sqrt{5} = \pm 134''$$
$$|f_\beta| < |f_容|$$
$$f_x = +0.25 \text{ m}$$
$$f_y = -0.22 \text{ m}$$
$$f_D = \sqrt{f_x^2 + f_y^2} = \sqrt{0.25^2 + (-0.22)^2} = 0.33 \text{ m}$$
$$K = \frac{0.33}{1\,137.75} \approx \frac{1}{3\,448}$$
$$K_容 = \frac{1}{2\,000}$$
$$K < K_容$$

表 1.6.3 附合导线坐标计算表

点号	观测角 (° ′ ″)	改正数 (″)	改正后角度 (° ′ ″)	方位角 (° ′ ″)	边长 (m)	纵坐标增量			横坐标增量			坐标		点号
						改正前 (m)	改正数 (m)	改正后 (m)	改正前 (m)	改正数 (m)	改正后 (m)	x (m)	y (m)	
1	2	3	4	5	6	7	8	9	10	11	12	13	14	15
A				236 44 28										A
B	205 36 48	−13	205 36 35	211 07 53	125.36	−107.31	+0.04	−107.27	−64.81	−0.02	−64.83	1 536.86	837.54	B
1	290 40 54	−12	290 40 42	100 27 11	98.76	−17.92	+0.03	−17.89	+97.12	−0.02	+97.10	1 429.59	772.71	1
2	202 47 08	−13	202 46 55	77 40 16	144.63	+30.88	+0.04	+30.92	+141.29	−0.02	+141.27	1 411.70	869.81	2
3	167 21 56	−13	167 21 43	90 18 33	116.44	−0.63	+0.03	−0.60	+116.44	−0.02	+116.42	1 442.62	1 011.08	3
4	175 31 25	−13	175 31 12	94 47 21	156.25	−13.05	+0.05	−13.00	+155.70	−0.03	+155.67	1 442.02	1 127.50	4
C	214 09 33	−13	214 09 20	60 38 01								1 429.02	1 283.17	C
D														
∑	1256 07 44	−77	1256 06 27		641.44	−108.03	+0.19	−107.84	+445.74	−0.11	+445.63			

辅助计算：

$$\alpha'_{CD} = \alpha_{AB} + 6 \times 180° - \sum\beta = 60°36'44''$$

$$f_\beta = \alpha'_{CD} - \alpha_{CD} = 60°36'44'' - 60°38'01'' = -77''$$

$$f_{\beta容} = \pm 60''\sqrt{n} = \pm 60''\sqrt{6} = \pm 147''$$

$$|f_\beta| < |f_{\beta容}|$$

$$f_x = \sum\Delta x_{测} - (x_C - x_B) = -108.03 + 107.84 = -0.19 \text{ m}$$

$$f_y = \sum\Delta y_{测} - (y_C - y_B) = +445.74 - 445.63 = +0.11 \text{ m}$$

$$f_D = \sqrt{f_x^2 + f_y^2} = \sqrt{(-0.19)^2 + 0.11^2} = 0.22 \text{ m}$$

$$K = \frac{0.22}{641.44} \approx \frac{1}{2\,916} \qquad K_容 = \frac{1}{2\,000}$$

$$K < K_容$$

附图：

（略）

6.3　交会定点

当测区内控制点密度不能满足测图或施工放样的要求时,可采用交会定点的方法来加密控制点。常用的方法有前方交会、侧方交会、后方交会和距离交会等。

6.3.1　前方交会

如图 1.6.7 所示,A、B 为已知坐标的控制点,P 为待求点。测得角 α 和 β,则根据 A、B 两点的坐标,求出 P 点的坐标,这种方法称测角前方交会。

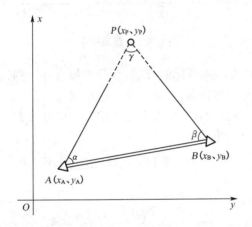

图 1.6.7　前方交会

根据坐标反算,可以计算出 AB 边的坐标方位角 α_{AB} 和边长 D_{AB},由观测角 α 可以推算出 AP 边的方位角 α_{AP},根据正弦定理求出 AP 的边长 D_{AP}。依据坐标计算公式,即可求出 P 点的坐标,即

$$\left. \begin{aligned} x_P &= x_A + D_{AP}\cos\alpha_{AP} \\ y_P &= y_A + D_{AP}\sin\alpha_{AP} \end{aligned} \right\}$$

(1.6-14)

当我们用观测量和已知量表示 P 点坐标时,则可得

$$\left. \begin{aligned} x_P &= \frac{x_A\cot\beta + x_B\cot\alpha + (y_B - y_A)}{\cot\alpha + \cot\beta} \\ y_P &= \frac{y_A\cot\beta + y_B\cot\alpha - (x_B - x_A)}{\cot\alpha + \cot\beta} \end{aligned} \right\}$$

(1.6-15)

6.3.2 距离交会

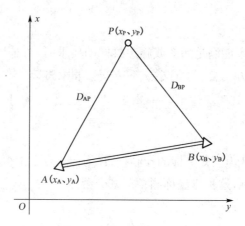

图 1.6.8 距离交会

如图 1.6.8 所示，A、B 为已知坐标的控制点，P 为待求点。测得边长 D_{AP} 和 D_{BP}，则根据 A、B 两点的坐标，求出 P 点的坐标，这种方法称测边距离交会。

根据坐标反算，可以计算出 AB 边的坐标方位角 α_{AB} 和边长 D_{AB}，在 $\triangle ABP$ 中，利用余弦定理可求出 $\angle A$，及 AP 边的方位角 α_{AP}。

$$D_{BP}^2 = D_{AB}^2 + D_{AP}^2 - 2D_{AB}D_{AP}\cos\angle A$$

则

$$\cos\angle A = \frac{D_{AB}^2 + D_{AP}^2 - D_{BP}^2}{2D_{AB}D_{AP}} \qquad (1.6\text{-}16)$$

$$\alpha_{AP} = \alpha_{AB} - \angle A \qquad (1.6\text{-}17)$$

则 P 点的坐标为

$$\left.\begin{array}{l} x_P = x_A + D_{AP}\cos\alpha_{AP} \\ y_P = y_A + D_{AP}\sin\alpha_{AP} \end{array}\right\} \qquad (1.6\text{-}18)$$

6.4 高程控制测量

小区域高程控制测量可采用水准测量或三角高程测量的方法实施。

6.4.1 三、四等水准测量

三、四等水准测量，常作为小区域大比例尺地形图测绘和施工测量的首级高程控制。

1）三、四等水准测量观测的技术要求

三、四等水准测量测站观测的技术要求见表 1.6.4。

表 1.6.4　三、四等水准测量观测技术要求

等级	仪器类型	视线长度	前后视距差	任一测站上前后视距差累积	视线高度	数字水准仪重复测量次数
三等	DS$_3$	≤75	≤2.0	≤5.0	三丝能读数	≥3 次
	DS$_1$、DS$_{05}$	≤100				
四等	DS$_3$	≤100	≤3.0	≤10.0	三丝能读数	≥2 次
	DS$_1$、DS$_{05}$	≤150				

2）一个测站上的观测程序和记录

一个测站上的这种观测程序简称"后—前—前—后"或"黑—黑—红—红"。四等水准测量也可采用"后—后—前—前"或"黑—红—黑—红"的观测程序。

3）测站计算与检核

（1）视距部分

视距等于下丝读数与上丝读数的差乘以 100。

$$后视距离:(9) = [(1) - (2)] \times 100$$
$$前视距离:(10) = [(4) - (5)] \times 100$$
$$计算前、后视距差:(11) = (9) - (10)$$
$$计算前、后视距累积差:(12) = 上站(12) + 本站(11)$$

（2）水准尺读数检核

同一水准尺的红、黑面中丝读数之差，应等于该尺红、黑面的尺常数 K（4.687 m 或 4.787 m）。红、黑面中丝读数差(13)、(14)按下式计算：

$$(13) = (6) + K 前 - (7)$$
$$(14) = (3) + K 后 - (8)$$

红、黑面中丝读数差(13)、(14)的值，三等不得超过 2 mm，四等不得超过 3 mm。

（3）高差计算与校核

根据黑面、红面读数计算黑面、红面高差(15)、(16)，计算平均高差(18)。

$$黑面高差:(15) = (3) - (6)$$
$$红面高差:(16) = (8) - (7)$$
$$黑、红面高差之差:(17) = (15) - [(16) \pm 0.100] = (14) - (13)（校核用）$$

式中:0.100——两根水准尺的尺常数之差(m)。

黑、红面高差之差(17)的值，三等不得超过 3 mm，四等不得超过 5 mm。

$$高差中数:(18) = \{(15) + [(16) \pm 0.100]\}/2$$

当 K 前 $= 4.687$ m 时,式中取 $+0.100$ m;当 K 后 $= 4.787$ m 时,式中取 -0.100 m。

(4)每页计算的校核

① 视距部分

后视距离总和减前视距离总和应等于末站视距累积差。即

$$\sum (9) - \sum (10) = 末站(12)$$

$$总视距 = \sum (9) + \sum (10)$$

② 高差部分

红、黑面后视读数总和减红、黑面前视读数总和应等于黑、红面高差总和,还应等于平均高差总和的两倍。即

测站数为偶数时

$$\sum [(3) + (8)] - \sum [(6) + (7)] = \sum [(15) + (16)] = 2 \sum (18)$$

测站数为奇数时

$$\sum [(3) + (8)] - \sum [(6) + (7)] = \sum [(15) + (16)] = 2 \sum (18) \pm 0.100$$

用双面水准尺进行三、四等水准测量的记录、计算与校核,见表 1.6.5。

表 1.6.5 三、四等水准测量记录手簿

测站编号	点号	后视尺 上丝 下丝	前视尺 上丝 下丝	方向及尺号	水准尺读数		$K+$黑$-$红（mm）	高差中数	备注
		后视距	前视距		黑面	红面			
		视距差	累积差						
		(1)	(4)	后尺	(3)	(8)	(14)		
		(2)	(5)	前尺	(6)	(7)	(13)	(18)	
		(9)	(10)	后—前	(15)	(16)	(17)		
		(11)	(12)						K 为尺常数
1	BM_1 — TP_1	1.614	0.774	后 47	1.384	6.171	0		
		1.156	0.326	前 46	0.551	5.239	-1	$+0.8325$	$K_{46} = 4.687$
		45.8	44.8		0.833	0.932	1		
		1	1						$K_{47} = 4.787$
2	TP_1 — TP_2	2.188	2.252	后 46	1.934	6.622	-1		
		1.682	1.758	前 47	2.008	6.796	-1	-0.0740	
		50.6	49.4		-0.074	-0.174	0		
		1.2	2.2						

续表 1.6.5

测站编号	点号	后视尺 上丝 下丝	前视尺 上丝 下丝	方向及尺号	水准尺读数 黑面	水准尺读数 红面	K+黑一红（mm）	高差中数	备注
		后视距	前视距						
		视距差	累积差						
3	TP_2 | TP_3	1.922	2.066	后 47	1.726	6.512	1		
		1.529	1.668	前 46	1.866	6.554	−1	−0.141 0	
		39.3	39.8		−0.14	−0.042	2		
		−0.5	1.7						K 为尺常数
4	TP_3 | BM_2	2.041	2.220	后 46	1.832	6.520	−1		
		1.622	1.790	前 47	2.007	6.793	1	−0.174 0	
		41.9	43		−0.175	−0.273	−2		
		−1.1	0.6						

$\sum(9) = 177.6$ m　　$\sum[(3)+(8)] - \sum[(6)+(7)] = +0.887$ m

$\sum(10) = 177.0$ m　　$\sum[(15)+(16)] = +0.887$ m

$\sum(9) - \sum(10) = +0.6$ m　$2\sum(18) = +0.887$ m

$\sum(9) + \sum(10) = 354.6$ m

4）三、四等水准测量的内业计算

三、四等水准测量高差闭合差的计算、调整与普通水准测量相同。

6.4.2　三角高程测量

当地形起伏较大时,可采用三角高程测量的方法进行小区域高程控制。

1）三角高程测量原理

三角高程测量是根据三角原理,测定目标点的竖直角和测站至目标点之间的距离,计算两点间的高差,求出目标点的高程。

如图 1.6.9 所示,已知 A 点的高程 H_A,欲求 B 点的高程 H_B。将仪器安置在 A 点,量取仪器高 i,观测竖直角 α,同时测量斜距 L 或平距 D,若目标高为 v,则高差 h_{AB} 为

$$h_{AB} = L\sin\alpha + i - v \tag{1.6-19}$$

或

$$h_{AB} = D\tan\alpha + i - v \tag{1.6-20}$$

则 B 点的高程为

$$H_B = H_A + h_{AB} \tag{1.6-21}$$

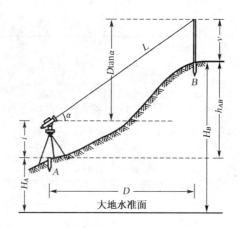

图 1.6.9 三角高程测量

由于大地水准面是一个曲面,当两点距离较大(大于 300 m)时,应顾及地球曲率和大气折光的影响,因此,要进行球气差改正或进行对向观测。地球曲率和大气折光二者的联合影响一般用 f 表示。

$$f \approx 0.43 \frac{D^2}{R} \tag{1.6-22}$$

式中:R——地球的曲率半径,一般取 6 371 km。

在实际测量中,为消除球气差改正往往是进行对向观测,即由 A 向 B 观测(称为直觇),再由 B 向 A 观测(称为反觇),这种观测称为对向观测(或双向观测)。

2)三角高程测量的观测与计算

(1)测站上安置仪器,量仪器高 i 和标杆或棱镜高度 v,读到毫米。

(2)观测竖直角和两点间的距离。

(3)采用对向观测法进行观测,当符合限差要求时,取其平均值作为高差,见表 1.6.6。

(4)进行高差闭合差的计算、调整,推算出各点的高程。

表 1.6.6 三角高程测量记录表

起算点	A	
待定点	B	
往返测	往	返
水平距离 D(m)	457.265	457.265
竖直角 α	$-1°32'59''$	$+1°35'23''$
仪器高 i(m)	1.465	1.512
目标高 v(m)	1.762	1.568
球气差改正 f(m)	0.014	0.014
单向高差 h(m)	-12.654	$+12.648$
平均高差(m)	-12.651	
起算点高程(m)	62.254	
待定点高程(m)	39.603	

思考与讨论

1. 导线有哪几种布设形式?

2. 导线外业工作包含哪些内容?

3. 闭合导线和附合导线内业计算有哪些不同?

4. 简述三角高程测量的原理。

5. 三角高程测量为什么实施对向观测?

6. 如图1.6.10所示,为一闭合导线观测成果略图,试根据已知数据和观测数据计算导线点 B、C、D 的坐标。

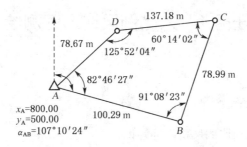

图 1.6.10　闭合导线观测成果略图

7. 如图1.6.11所示,为一附合导线观测成果略图,试根据已知数据和观测数据计算导线点 1、2、3 的坐标。

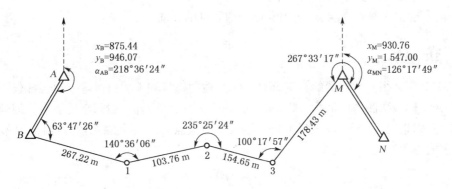

图 1.6.11　附合导线观测成果略图

项目二

大比例尺地形图测绘

任务 1 大比例尺地形图测绘

学习目标

- 熟知地形图、比例尺和比例尺精度等知识；
- 熟知地形图图外注记的基本知识；
- 熟知地物符号、地貌符号的相关知识；
- 具备经纬仪测绘法测图的基本技能；
- 具备全站仪野外数据采集的基本技能；
- 根据测绘技术发展，应具备运用专业绘图软件的技能。

任务内容

本任务简要介绍了地形图的构成，图外注记、地物符号和地貌符号等。以经纬仪测绘法测图为重点介绍模拟法测图的流程。以南方 NTS660 全站仪野外数据采集为重点介绍数字测图的外业工作，以南方 CASS7.0 地形地籍成图软件为重点介绍数字测图内业绘图处理，包括数据传输、图形绘制和编辑等内容。

1.1 地形图和比例尺

1.1.1 地形图

地物是地面上天然或人工形成的物体，如湖泊、河流、建筑物和道路等。地貌是指地球表面高低起伏的形态，包括山地、丘陵和平原等。地貌和地物总称地形。地形图是按一定的比例尺，用规定的符号表示地物、地貌的平面位置和高程的正射投影图。

1.1.2 比例尺

地形图上任意一线段 d 与之地上相应线段水平距离 D 之比,称为地形图的比例尺,地形图比例尺通常用分子为 1 的分数式 $1/M$(或 $1:M$)表示,其中,M 为比例尺分母。则有

$$\frac{d}{D} = \frac{1}{M} \tag{2.1-1}$$

式中,M 愈小,比例尺愈大,图上表示的地物地貌愈详尽;M 愈大,比例尺愈小。

常用比例尺有数字比例尺和图示比例尺两种形式。

1)数字比例尺

直接用数字表示的比例尺,称为数字比例尺。如用分子为 1 的分数式来表示的比例尺。我国基本比例尺地形图系列中,比例尺为 $1:500$、$1:1\,000$、$1:2\,000$ 和 $1:5\,000$ 的称为大比例尺地形图,比例尺为 $1:1$ 万、$1:2.5$ 万、$1:5$ 万和 $1:10$ 万的称为中比例尺地形图,比例尺为 $1:25$ 万、$1:50$ 万和 $1:100$ 万的称为小比例尺地形图。建筑工程中多采用大比例尺。

2)图示比例尺

图示比例尺是以图形的方式来表示图上距离与实地距离关系的一种比例尺形式。其中,较为常见的为直线比例尺,如图 2.1.1 所示。

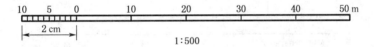

图 2.1.1 水准测量原理

在 $1:500$ 地形图上绘制直线比例尺时,先在图上绘制两条平行直线,并把它分成若干相等的线段,称之为比例尺基本单位,一般基本单位为 2 cm,再将左端的一段十等分,每份的长度相当于实地 2 m,则基本单位所代表的实地长度为 2 cm×500＝10 m。

3)比例尺精度

通常认为人们的肉眼所能分辨的图上最小距离是 0.1 mm,所以,地形图上 0.1 mm 所代表的实地水平距离,称为比例尺精度。则

$$比例尺精度 = 0.1\,\text{mm} \times 比例尺分母(M) \tag{2.1-2}$$

几种常用大比例尺地形图的比例尺精度,见 2.1.1 表。

表 2.1.1 大比例尺地形图的比例尺精度

比例尺	$1:500$	$1:1\,000$	$1:2\,000$	$1:5\,000$
比例尺精度(m)	0.05	0.10	0.20	0.50

可见,比例尺越大,其比例尺精度越小,地形图的精度就越高。比例尺精度对于测图和用图都具有十分重要的意义。根据测图比例尺精度,可以确定测图时测量距离的最小尺寸。同

样,如果规定了图上应该表示的地面线段的精度,可以根据比例尺精度来确定测图比例尺。如要求图上能反映实地0.2 m的精度,则测图时的比例尺不应小于$\dfrac{0.1 \text{ mm}}{0.2 \text{ m}} = \dfrac{1}{2\,000}$。

1.2　地形图图外注记

大比例尺地形图的图外主要由图名、图号、结合图表、图廓、测图时间、平面系统、高程系统、地形图图式和测图者、绘图者及检查者等内容构成,如图2.1.2所示。

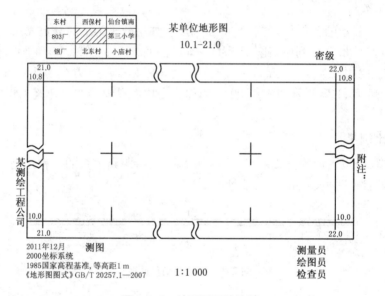

图 2.1.2　地形图图外注记

1.2.1　图名

图名是本幅图的名称,是以所在图幅内最著名的地名、厂矿企业和村庄的名称来命名的,一般标注在北图廓上方的中央,如图2.1.2所示。

1.2.2　图号

为了区别各幅地形图所在的位置关系,每幅地形图上都编有图号。图号是根据地形图分幅和编号方法编定的,并把它标注在北图廓上方图名下方的中央,对于大比例尺地形图,一般采用正方形图幅,图幅尺寸为50 cm×50 cm或40 cm×40 cm。编号一般采用西南角坐标编号,以千米为单位,表示为"$x-y$"。1:5 000和1:2 000比例尺地形图,坐标取至1 km;1:1 000比例尺地形图,坐标取至0.1 km,如图2.1.2所示;1:500比例尺地形图,坐标取至0.01 km。

1.2.3　结合图表

用来说明本图幅与相邻图幅的关系,供索取相邻图幅时用。通常是中间一格画有斜线的代表本图幅,四邻分别注明相应的图号(或图名),并绘注在图廓的左上方,如图2.1.2所示。

1.3　地形符号和地貌符号

为了便于测图和用图,用各种符号将实地的地物和地貌在图上表示出来,这些用来表示地物与地貌的符号统称为地形图图式。地形图图式规范中的符号可分为地物符号和地貌符号,目前大比例尺测图使用《国家基本比例尺地图图式》第1部分:1∶500、1∶1 000、1∶2 000地形图图式(GB/T 20257.1—2007)。

1.3.1　地物符号

在地形图上表示各种地物的类别、形状、大小和它们的位置等地物属性的符号,称为地物符号,见表2.1.2。常见地物符号主要包括测量控制点、水系、居民地及设施、交通、管线和境界等。地物符号根据地物特性、用途、形状大小和描绘方法的不同分为比例符号、非比例符号、半比例符号和注记符号。可按测图比例尺缩小,用规定符号绘出的地物符号称为比例符号,如房屋、旱地、花园和草地等。对于一些带状延伸的地物,如铁路、公路、管道、围墙和篱笆等,其长度可按比例缩绘,但其宽度无法按比例表示,这种地物符号称为半比例符号。比例符号与半比例符号的使用界限并不是绝对的,如铁路、公路等地物,在1∶500比例尺地形图上用比例符号绘制,而在1∶5 000以下比例尺地形图上则按半比例符号绘制。有些地物,如三角点、导线点、水准点、独立树和水井等,其轮廓较小,无法将其现状和大小按照地形图的比例尺绘制,在绘图时不考虑其实际大小,而是采用规定的符号表示,这种符号称为非比例符号。有些地物除了用相应的符号表示外,对于地物的性质、名称等在图上还需要用文字和数字加以注记,这些文字和数字称为地物注记,如房屋的结构和层数、地名、路名、单位名以及河流的水深、流速等。

表2.1.2　地物符号

编号	符号名称	1∶500	1∶1 000	1∶2 000	编号	符号名称	1∶500	1∶1 000	1∶2 000
1	单幢房屋 a. 一般房屋 b. 有地下室的房屋				3	稻田 a. 田埂			
2	台阶				4	旱地			

续表 2.1.2

编号	符号名称	1:500	1:1000	1:2000	编号	符号名称	1:500	1:1000	1:2000
5	菜地				14	栅栏、栏杆			
6	果园				15	篱笆			
7	草地 a. 天然草地 b. 人工草地				16	活树篱笆			
8	花圃、花坛				17	行树 a. 乔木行树 b. 灌木行树			
9	灌木林				18	街道 a. 主干道 b. 次干道 c. 支路			
10	高压输电线架空的 a. 电杆				19	内部道路			
11	配电线架空的 a. 电杆				20	小路、栈道			
12	电杆				21	三角点 a. 土堆上的			
13	围墙 a. 依比例尺 b. 不依比例尺				22	小三角点 a. 土堆上的			

续表 2.1.2

编号	符号名称	1:500	1:1 000	1:2 000	编号	符号名称	1:500	1:1 000	1:2 000
23	导线点 a. 土堆上的		2.0 ⊙ $\frac{116}{84.46}$ a 2.4 ⊕ $\frac{123}{94.40}$		30	亭 a. 依比例尺 b. 不依比例尺	a	依比例尺符号 2.0 1.0	b 2.4
24	埋石图根点 a. 土堆上的		2.0 ⊡ $\frac{12}{275.46}$ a 2.5 ⊡ $\frac{16}{175.64}$		31	旗杆		旗杆符号	
25	不埋石图根点		2.0 ▣ $\frac{19}{84.47}$		32	路灯		路灯符号	
26	水准点		2.0 ⊗ $\frac{II京石5}{32.805}$		33	高程点及其注记	0.5 • 1520.3		• —15.3
27	卫星定位等级点		3.0 △ $\frac{B14}{495.263}$		34	等高线 a. 首曲线 b. 计曲线 c. 间曲线	a b c	等高线符号 25 1.0 6.0	0.15 0.3 0.15
28	水塔 a. 依比例尺 b. 不依比例尺	a	水塔符号 b 3.6 2.0		35	独立树 a. 阔叶 b. 针叶 c. 棕榈、椰子、槟榔 d. 果树 e. 特殊树	a b c d e	独立树符号	
29	水塔烟囱 a. 依比例尺 b. 不依比例尺	a	水塔烟囱符号 b 3.6 2.0						

1.3.2 地貌符号

地貌的形态多种多样,按其起伏变化程度分为平地、丘陵、山地和高山地,见表 2.1.3。

表 2.1.3 地貌分类

地貌类型	地面坡度
平地	3°以下
丘陵	3°～10°
山地	10°～25°
高山地	25°以上

地貌的表示方法有多种,地形图上是用等高线表示的。对于一些特殊地貌,如冲沟、峭壁和断崖等不便用等高线表示的,可根据地形图图式用相应的符号绘制。

1）等高线

等高线指的是地形图上高程相等的各点所连成的闭合曲线,如图2.1.3所示。

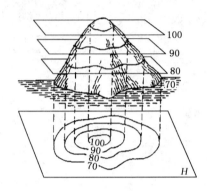

图 2.1.3　等高线

2）等高距和等高线平距

相邻等高线之间的高差称为等高距,常用 h 表示。在同一幅地形图上,等高距是相同的。相邻等高线之间的水平距离称为等高线平距,常用 d 表示。h 与 d 的比值就是地面坡度,坡度常用 i 表示,则

$$i = \frac{h}{dM} \times 100\% \tag{2.1-3}$$

式中:M——比例尺分母。

由于同一幅地形图中等高距 h 是相同的,因此,地面坡度与等高线平距 d 的大小有关。等高线平距越小,地面坡度就越大,地势越陡;平距越大,则坡度越小,地势越缓。

3）等高线的种类

等高线按其作用不同可分为首曲线、计曲线、间曲线与助曲线四种。

（1）首曲线,又叫基本等高线,是按规定的等高距绘制的等高线。

（2）计曲线,又叫加粗等高线,从规定的高程起算面起,每隔4条或9条等高线将首曲线加粗绘制的等高线。

（3）间曲线,是按二分之一等高距绘制的等高线,一般用细长虚线表示,用以显示首曲线不能显示的某段微型地貌。

（4）助曲线,是按四分之一等高距绘制的等高线,一般用细短虚线表示,用以显示间曲线仍不能显示的某段微型地貌。

4）典型地貌的等高线

地貌形态虽然复杂多样,但其基本形态可以归纳为山头、洼地、山脊、山谷、山坡、鞍部和绝壁等几种典型地貌,如图2.1.4所示。

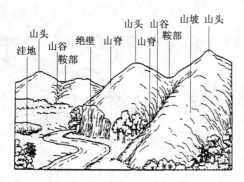

图 2.1.4 水准测量原理

（1）山头与洼地

中央凸出而且高于四周的高地称为山头，其等高线如图 2.1.5 所示。周围地面较高，而中央凹的地方称为洼地，其等高线如图 2.1.6 所示。山头和洼地的等高线都是一组闭合曲线，二者形状相似，为了加以区别，必须在等高线上注记高程或者绘制示坡线，示坡线是垂直于等高线而指示下坡方向的短线。

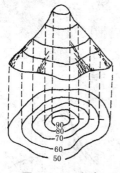

图 2.1.5 山头

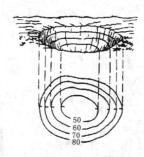

图 2.1.6 洼地

（2）山脊与山谷

山脊是沿着一定方向延伸的高地，其最高棱线称为山脊线，又称分水线，其等高线如图 2.1.7 所示。山谷是沿着一定方向延伸的两个山脊之间的凹地，贯穿山谷最低点的连线称为山谷线，又称集水线，其等高线如图 2.1.8 所示。山脊线和山谷线是显示地貌基本轮廓的线，统称为地性线。

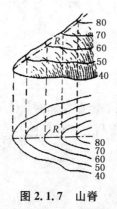

图 2.1.7 山脊

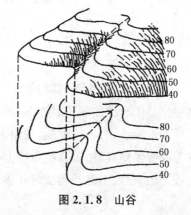

图 2.1.8 山谷

（3）鞍部

鞍部是相邻两山头之间低凹部位呈马鞍形的地貌,其等高线如图2.1.9所示。

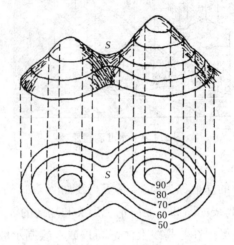

图 2.1.9　鞍部

（4）峭壁与悬崖

坡度在70°以上或接近90°的陡峭崖壁称为峭壁,包括陡崖和绝壁,陡崖的等高线如图 2.1.10(a)所示,绝壁的等高线如图 2.1.10(b)所示,需要用陡崖符号表示。崖口倾斜到陡壁外面而悬空的地貌称为悬崖,其等高线如图 2.1.10(c)所示。

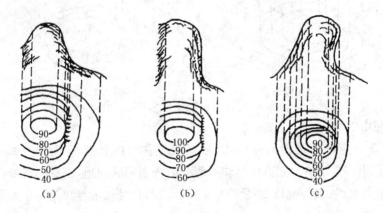

図 2.1.10　峭壁与悬崖

5）等高线的特性

等高线具有如下特性:

(1) 同一等高线上各点的高程都相等。

(2) 等高线都是闭合的曲线,如果在本幅图中不闭合,则必定在相邻的其他图幅内闭合。

(3) 等高线的平距小,表示坡度陡,平距大则坡度缓,平距与坡度成反比。

(4) 除在悬崖或绝壁处外,等高线在图上不能相交或重合。

(5) 等高线与山脊线、山谷线相交时必须是正交。

1.4　模拟法测图

测绘地形图是根据控制点测定地物特征点和地貌特征点,并将地物、地貌按比例尺用规定符号绘制在图上。地物特征点和地貌特征点统称为碎部点,测定碎部点的平面位置和高程的工作称为碎部测量。大比例尺地形图测绘的方法有多种,如传统的平板仪测图和经纬仪测绘法测图等,现代的全站仪数字测图和 GPS RTK 测图等。传统测图通称白纸测图,亦称模拟法测图。随着信息技术和测绘技术的发展,地形图测绘已经实现了数字化,亦称为数字测图。本部分重点介绍经纬仪测绘法测图。

经纬仪测绘法测图是将经纬仪安置在控制点上,绘图板安置在测站旁,用经纬仪测定碎部点方向与已知方向之间的夹角、视距和竖直角,计算出测站点至碎部点的平距及碎部点的高程。然后根据测定数据用量角器按比例尺把碎部点的位置展绘在图纸上,并在点的右侧注明其高程,最后对照实地绘制地物和地貌。

1.4.1　碎部点的选择

在地形图测量中,碎部点选择的好坏将直接影响测图的质量。碎部点的选择应根据测图比例尺和地物、地貌的状况,选在能反映地物、地貌特征的点上。地物特征点是指地物轮廓线和边界线的转折点、交叉点及独立地物的几何中心等。如房角点,道路转折点,以及烟囱的中心点等。对于形状极不规则的地物,一般规定主要地物凸凹部分在图上大于 0.4 mm 时均应表示出来,小于 0.4 mm 时可用直线连接。地貌特征点是指地性线上的坡度变化点和方向变化点。如鞍部、山脊、山谷、山脚等坡度变化及方向变化处。

1.4.2　工作程序

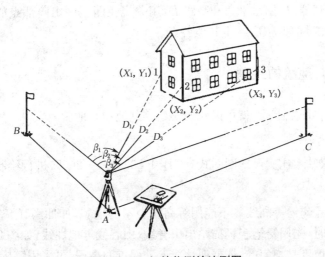

图 2.1.11　经纬仪测绘法测图

1) 安置仪器

如图 2.1.11 所示,在 A 安置仪器,对照、整平。量取仪器高 i,并记入碎部点观测手簿,见表 2.1.4。

2) 定向

用经纬仪的盘左照准另一控制点 B,并配置度盘为 $0°00'00''$。

3) 跑尺

立尺员依次将塔尺立在地物、地貌的特征点上。立尺员跑尺时应与观测员、绘图员共同商定跑尺路线。一般跑尺有"由远及近"和"由近及远"两种方法,对于地物,可按不同地物逐一进行;对于地貌,可沿地性线或等高线进行。

4) 观测

观测员转动照准部,照准塔尺,读取尺间隔 l,中丝读数 v,竖盘读数和水平度盘读数。同理,依次观测测站周围其他碎部点。

5) 记录及计算

记录员将观测数据记入表 2.1.4 中,根据观测数据,按照视距测量公式计算碎部点的平距 D 和高程 H。

表 2.1.4　碎部点观测手簿

碎部点	尺间隔 (m)	中丝读数 (m)	竖盘读数 (°′)	竖直角 (°′)	水平角 (°′)	水平距离 (m)	高程 (m)	备注
		测站点高程: $H_A = 42.25$ m			仪器高: $i = 1.46$ m			
1	0.622	1.390	91 15	1 15	66 35	62.17	43.68	
2	0.566	1.240	91 14	1 14	73 24	56.59	43.68	
...								

6) 刺点

绘图员利用量角器,根据水平角和平距 D,用分规在图上刺出碎部点的位置,并在点的右侧注明点的高程 H。同理,依次绘出其他各点。

1.4.3　地物、地貌的绘制

当将碎部点绘在图纸上后,就可以对照实地绘制地物和地貌

1) 地物绘制

地物参照《国家基本比例尺地图图式》(GB/T 20257.1—2007)进行绘制。

2) 地貌绘制

地貌的绘制就是勾绘等高线。不能用等高线表示的地貌,如冲沟、峭壁等,应用规定符号表示。勾绘等高线时,先用铅笔轻轻描绘出山脊线、山谷线等地性线,如图 2.1.12 所示。根据同一条地性线上的坡度是均匀的,依据地性线上碎部点的高程,可采用解析内插法或目估内插

法插绘出基本等高线通过点,勾绘等高线。本部分介绍目估内插法勾绘等高线。如图 2.1.13 所示,A、B 地形碎部点的高程分别为 52.8 m 和 57.4 m。若基本等高距为 1 m,则 A、B 两点间有 53 m、54 m、55 m、56 m、57 m 等高线的通过点,根据高差与平距成正比例内插等高点,首先目估等高线 53 m 和 57 m 通过点,然后对余下的距离 4 等分,定出等高线 54 m,55 m 和 56 m 通过点。同理,可以定出其他地性线上相邻碎部点间等高线通过点,将高程相等的相邻各点用平滑的曲线连接起来,就得到等高线。

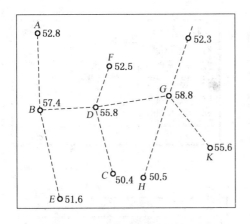

图 2.1.12 描绘地性线

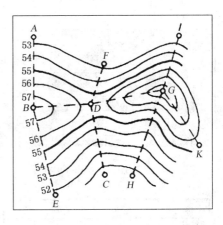

图 2.1.13 等高线的勾绘

1.5 数字测图

1.5.1 数字测图介绍

数字测图是利用带有存储功能的测量设备采集地面上的地物、地貌要素的三维坐标以及描述其属性与相互关系的信息,并传输入计算机,借助专业绘图软件处理、显示、输出地形图。数字测图根据工作性质可分为野外数据采集和内业绘图处理两个阶段。其中野外数据采集包括控制测量、碎部点采集;内业绘图处理包括数据传输、图形绘制和编辑。

1.5.2 野外数据采集

目前大比例尺数字测图野外数据采集多采用全站仪和 GPS RTK。现以南方 NTS660 全站仪为例介绍野外数据采集流程。

1）图根控制测量

图根控制测量的目的是在高等级地形控制测量的基础上加密一些直接供测图使用的控制点,以满足用于测绘地物、地貌对测站点的需要。具体内容参见项目一的任务 6。

2）碎部点采集

（1）新建作业名

当开展一个新的测绘项目时,应建立一个新的作业。南方 NTS660 全站仪开机后进入界面,如图 2.1.14 所示。

按"F1"键,便进入"程序"菜单,如图 2.1.15 所示。

再按"F1"键,进入"标准测量程序",如图 2.1.16 所示。

图 2.1.14　NTS660 界面

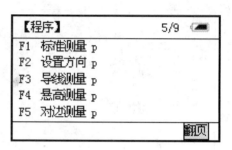

图 2.1.15　程序界面

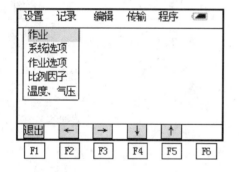

图 2.1.16　标准测量程序界面

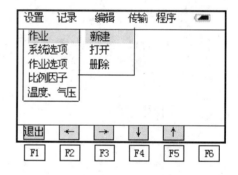

图 2.1.17　新建子菜单

在"设置"菜单中选择"作业",并按"ENT"键,进入子菜单,如图 2.1.17 所示。

选择"新建"时,并按"ENT"键,进入"新建作业"窗口,输入作业名,一般用工程日期来命名作业名,如图 2.1.18 所示,作业名是 20140405。

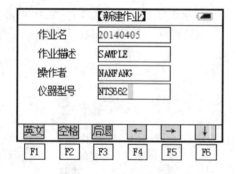

图 2.1.18　新建作业

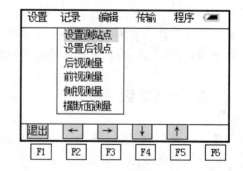

图 2.1.19　设置测站点

（2）设置测站点

在标准测量程序主菜单中,通过【←】或【→】键选择【记录】菜单,便进入【记录】菜单屏幕,如图 2.1.19 所示。

在"记录"菜单中选择"设置测站点",并按"ENT"键,进入测站点输入屏幕,如图 2.1.20 所示。输入该测站点的点号、仪器高、点号代码并按"ENT"键,便记录下该测站点。若该点坐标存在于文件中,则系统会自动调用该点坐标。若坐标数据文件或固定点数据文件中没有该点坐标,则显示坐标输入屏幕,如图 2.1.21 所示,输入该点的 N(北)、E(东)、Z(高程)坐标。当光标在底部时,按"ENT"键便存储设置并退出,此时测站点便设置好了。

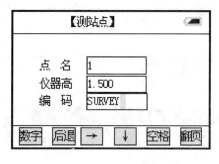

图 2.1.20　输入点号、仪器高

图 2.1.21　输入坐标

(3) 设置后视点

在"记录"菜单屏幕中选择"设置后视点",并按"ENT"键。输入后视点号,并按"ENT"键。若仪器内存储有该点坐标,则显示计算方位角,如图 2.1.22 所示。若仪器内存中没有该点坐标,则显示后视点坐标输入屏幕,然后输入坐标。按"F1"(设置)键后,水平角显示的角度便为方位角,如图 2.1.23 所示。再按"ENT"键,后视点设置完毕,返回"记录"菜单屏幕。

图 2.1.22　设置后视点

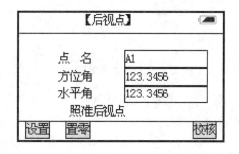

图 2.1.23　方位角设置

(4) 观测(侧视测量)

当设置好测站点和后视点以后,便可以进行测量工作。在"记录"菜单通过箭头键选择"侧视测量",并按"ENT"键,进入侧视测量屏幕,如图 2.1.24 所示。

输入该点的点号、棱镜高、编码、串号后按"ENT"键,便进行测量并记录该点的数据。如不按"ENT"键而按"测量"(F5)键,也开始测量,但不记录该点的数据。如再按"ENT"键则计算、显示该点的坐标,并记录。如该点已存在,则提示是否覆盖该点,按"ENT"键便覆盖该点并记录再回到侧视测量屏幕,点号自动加

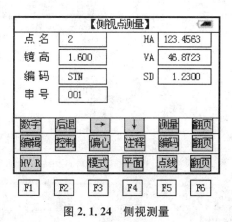

图 2.1.24　侧视测量

一,按"ESC"键退出侧视测量屏幕。依次采集地物、地貌特征点数据,并绘制外业数据"草图",完成碎部点采集工作。

1.5.3 内业绘图处理

数字测图内业绘图处理一般是采用人机交互模式,借助专业地形图成图软件进行数据处理、图形编辑和输出。现以南方 CASS7.0 地形地籍成图软件来介绍数字测图内业绘图处理。

1）数据输入

将全站仪与电脑连接后,打开南方 CASS7.0 主界面,单击"数据",打开"数据"下拉菜单,如图 2.1.25 所示。

图 2.1.25 数据菜单

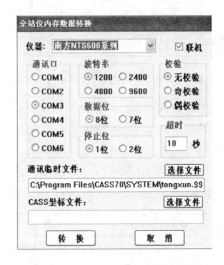

图 2.1.26 全站仪内存数据转换对话框

单击"读取全站仪数据",打开"全站仪内存数据转换"对话框,如图 2.1.26 所示。选择正确的仪器类型。单击"选择文件"按钮,打开"输入 CASS 坐标数据文件名"对话框,如图 2.1.27 所示,输入文件名,单击"保存",返回"全站仪内存数据转换"界面,点击"转换",即可将全站仪里的数据转换成标准的 CASS 坐标数据。

图 2.1.27 输入 CASS 坐标数据文件名对话框

2）展碎部点

（1）定显示区

单击"绘图处理"菜单,打开"绘图处理"下拉菜单,如图 2.1.28 所示。单击"定显示区"选项,打开"输入坐标数据文件名"对话框,如图 2.1.29 所示。选择文件名,单击"打开",定出给定坐标数据文件图形的显示区域。

（2）展野外测点点号

单击"绘图处理"菜单,打开"绘图处理"下拉菜单,如图 2.1.28 所示。单击"展野外测点点号",打开"输入坐标数据文件名"对话框,如图 2.1.29 所示。选择文件名,单击"打开",20120405.dat 文件中所有点以"点号"的形式出现在绘图区。

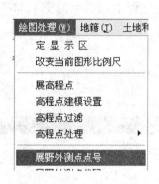

图 2.1.28　绘图处理菜单

图 2.1.29　输入坐标数据文件名对话框

3）绘制地物

根据野外作业时绘制的草图,移动鼠标至屏幕右侧菜单区(如图 2.1.30 所示)选择相应的地形图图式符号,然后在屏幕中将所有的地物绘制出来。系统中所有地形图图式符号都是按照图层来划分的,例如所有表示测量控制点的符号都放在"控制点"这一层,所有表示独立地物的符号都放在"独立地物"这一层。

图 2.1.30　屏幕右侧菜单区

图 2.1.31　建立 DTM 对话框

4）绘制等高线

（1）展高程点

单击"绘图处理"菜单，打开"绘图处理"下拉菜单，如图2.1.28所示。单击"展高程点"选项，打开"输入坐标数据文件名"对话框，如图2.1.29所示。选择文件名，如20120405.dat，单击"打开"，则20120405.dat文件中所有点的高程显示在绘图区。

（2）建立DTM模型

单击"等高线"下拉菜单的"建立DTM"选项，打开"建立DTM"话框，如图2.1.31所示。首先选择建立DTM的方式，分为两种方式：由数据文件生成和由图面高程点生成。如果选择由数据文件生成，则在坐标数据文件名中选择坐标数据文件；如果选择由图面高程点生成，则在绘图区选择参加建立DTM的高程点。然后选择结果显示，分为三种：显示建三角网结果、显示建三角网过程和不显示三角网。最后选择在建立DTM的过程中是否考虑陡坎和地性线。单击"确定"后生成的三角网，如图2.1.32所示。

（3）绘制等高线

单击"等高线"下拉菜单的"绘制等高线"选项，打开"绘制等值线"对话框，如图2.1.33所示。

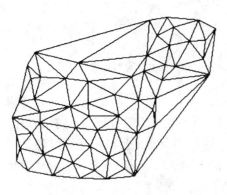

图 2.1.32　三角网

图 2.1.33　绘制等值线对话框

对话框中会显示参加生成DTM的高程点的最小高程和最大高程。在等高距框中输入相邻两条等高线之间的等高距。选择等高线的拟合方式，单击"确定"。当命令区显示"绘制完成！"便完成绘制等高线的工作，如图2.1.34所示。

5）图形数据输出

地形图绘制完毕，可以生成dwg格式文件。当连接输出设备时，可以打印出图。

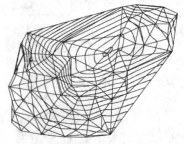

图 2.1.34　等高线绘制

思考与讨论

1. 什么是地形图？什么是地形图图式？

2. 什么是比例尺？它有哪几种类型？什么是比例尺精度？

3. 什么是等高线？等高线有哪几种类型？有什么区别？

4. 等高线有哪些特征？

5. 简述模拟法测图中的经纬仪测绘法测图的工作步骤。

6. 简述全站仪野外数据采集的程序。

7. 简述数字测图中内业数据处理的流程。

【实训】

绘制大比例尺地形图操作

任务 2 大比例尺地形图应用

学习目标

- 具备运用纸质地形图进行基本计算的技能,包括确定点的空间坐标,确定直线的距离、方位角和坡度;
- 具备运用纸质地形图按限定坡度选择最短线路的技能;
- 具备运用纸质地形图绘制指定方向的断面图的技能;
- 具备运用纸质地形图量算图形面积的技能;
- 具备运用纸质地形图进行施工场地平整的土方计算的技能;
- 适应工程建设发展需要,逐步具备运用数字地形图的技能。

任务内容

本任务重点介绍纸质地形图在工程建设中的应用,主要包括确定点的空间坐标,确定直线的距离、方位角和坡度,按限定坡度选择最短线路,绘制指定方向的断面图,量算图形面积和施工场地平整的土方计算等内容。

大比例尺地形图是建筑工程规划设计和施工中的重要资料。纸质地形图和数字地形图的使用是不同的,数字地形图可以方便地运用专业软件进行数据的处理,如计算面积、计算土方、求点的坐标等,但纸质地形图只能在图纸上进行解算。现对纸质地形图在工程建设中的具体应用进行介绍。

2.1 确定点的空间坐标

2.1.1 确定点的平面坐标

利用地形图上坐标格网的坐标值可以确定点的平面坐标。如图 2.2.1 所示,欲求图上 A

点坐标,首先确定 A 点所在小方格 $abcd$,过 A 点分别作坐标格网的平行线 fg 和 pq,然后量取 af 和 ap 的长度,则 A 点的坐标为

$$
\left.
\begin{aligned}
x_A &= x_a + af \times M \\
y_A &= y_a + ap \times M
\end{aligned}
\right\}
\tag{2.2-1}
$$

式中:M——比例尺分母;

x_a、y_a——A 点所在小方格西南角 a 点的坐标。

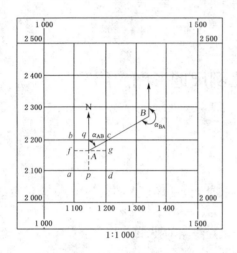

图 2.2.1　确定点的坐标和方位角

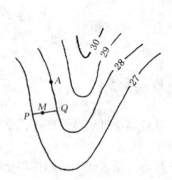

图 2.2.2　确定点的高程

若图纸有变形,则 A 点的坐标可按下式计算:

$$
\left.
\begin{aligned}
x_A &= x_a + \frac{af}{pq} \times M \\
y_A &= y_a + \frac{ap}{fg} \times M
\end{aligned}
\right\}
\tag{2.2-2}
$$

2.1.2　确定点的高程

如果所求高程点恰好位于等高线上,则等高线的高程即为该点高程,如图 2.2.2 所示的 A 点;如果所求高程点位于两条等高线之间,如图 2.2.2 所示的 M 点,过 M 点作相邻两等高线的近似公垂线,与等高线交于 P、Q 点,量取 PQ 和 PM 的图距,则 M 点的高程为

$$
H_M = H_P + \frac{PM}{PQ} \times h
\tag{2.2-3}
$$

式中:h——等高距;

H_P——P 点的高程。

2.2　确定直线的距离、方位角和坡度

2.2.1　确定直线的距离

确定两点间的距离,可采用两种方法。

1）解析法

如图 2.2.1 所示,欲求 A、B 两点间的距离,可用式(2.2-1)先求出 A、B 两点的坐标,再计算两点间的距离

$$D_{AB} = \sqrt{(x_B - x_A)^2 + (y_B - y_A)^2} \tag{2.2-4}$$

2）图解法

如图 2.2.1 所示,在图上直接丈量 A、B 两点的图距 d_{AB},则 A、B 两点间的距离为

$$D_{AB} = d_{AB} \times M \tag{2.2-5}$$

式中:M——比例尺分母。

2.2.2　确定直线的方位角

1）解析法

如图 2.2.1 所示,欲求直线 AB 的方位角,可用式(2.2-1)先求出 A、B 两点的坐标,则直线 AB 的方位角为(需判断象限)

$$\alpha_{AB} = \arctan \frac{y_B - y_A}{x_B - x_A} \tag{2.2-6}$$

2）图解法

如图 2.2.1 所示,过 A、B 两点分别作坐标纵线的平行线,然后用量角器分别量出 α_{AB} 和 α_{BA},则 $\overline{\alpha_{AB}}$ 可按下式计算:

$$\overline{\alpha_{AB}} = [\alpha_{AB} + (\alpha_{BA} \pm 180°)]/2 \tag{2.2-7}$$

2.2.3　确定直线的坡度

如图 2.2.1 所示,欲求直线 AB 的坡度,可先求出 A、B 两点间的距离和两点间的高差,再用式(2.1-3)计算。

2.3 按限定坡度选择最短线路

在地貌起伏较大的区域进行道路或管线设计时,通常要求按照限定的坡度选择一条最短的线路。如图 2.2.3 所示,地形图比例尺为 1∶2 000,等高距为 5 m,要求从 A 点到 B 点选择一条坡度不超过 5% 的线路。

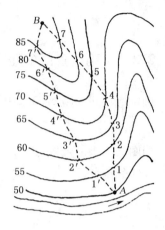

图 2.2.3　按限定坡度选择最短线路

1) 确定相邻等高线间的平距

根据设计坡度,由式(2.1-3)可确定相邻等高线间的平距为

$$d = \frac{h}{iM} = \frac{5}{5\% \times 2\,000} = 0.05 \text{ m}$$

2) 确定线路

在地形图上从 A 开始,以 A 点为圆心,以 0.05 m 为半径画弧交高程为 50 m 的等高线于 1 点,再以 1 点为圆心,以 0.05 m 为半径画弧交高程为 55 m 的等高线于 2 点,依次进行下去,直至 B 点,依次连接各点得到坡度线 A-1-2-3-4-5-6-7-B。同理,可得到另外一条坡度线,如图 2.2.3 所示。通过比较选择一条更经济的线路。

2.4 绘制指定方向的断面图

在进行线路设计时,为了解某一特定方向的地面起伏状况,需要绘制指定方向的断面图。如图 2.2.4(a)所示,欲了解 AB 方向的地面起伏情况,必须绘制 AB 方向的断面图。

1) 绘制坐标轴

如图 2.2.4(b)所示,在图纸上绘制两条相互垂直的轴线,以横轴表示水平距离,其比例尺与地形图的比例尺是相同的;以纵轴表示高程,为了更突出地表示地面的起伏状况,其比例尺一般是平距比例尺的 10 倍或 20 倍,且纵轴上标注的高程起始值要适当,以使断面图位置适中。

2) 确定断面点

如图 2.2.4(a)所示,在地形图上,定出断面线与等高线的交点 1、2、3、…,则 1、2、3、… 的高程即为等高线的高程。用分规在地形图上分别量取 A 至 1、1 至 2、…、10 至 B 的距离,在横坐标轴上,以 A 为起点,量出 A1、12、…、10B,以定出 A、1、2、…、B 点,过这些点作垂线,垂线与相应高程的交点即为断面点。

3）绘制断面线

用一条平滑的曲线将各断面点连接起来，即可得到 AB 方向的断面图，如图 2.2.4(b) 所示。

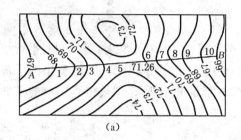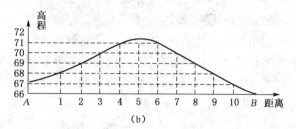

图 2.2.4 绘制指定方向的断面图

2.5 量算图形面积

在工程建设中，经常需要计算图形的面积。地形图上面积量算的方法有多种，应根据具体情况进行选择。

1）图解法

（1）几何图形法

如果需要量算面积的图形可以分解成简单的几何图形，如三角形、矩形等，可按几何图形量算面积。

（2）方格法

如图 2.2.5 所示，在透明纸上绘制边长为 1 mm 的小方格，每个方格的图上面积为 1 mm²，而其所代表的实地面积则由比例尺决定。量算图上面积时，将透明方格纸覆盖在被量算的图形上，先数出图形内完整方格个数 n_1，再数出图形边缘不完整的方格数 n_2，则被量算图形的实地面积为

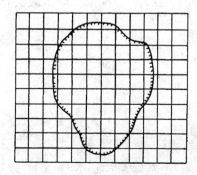

图 2.2.5 独立平面直角坐标系

$$A = \left(n_1 + \frac{1}{2} n_2 \right) \times \frac{M^2}{10^6} \qquad\qquad (2.2\text{-}8)$$

式中：A——被量算图形的实地面积（m^2）；

$\qquad M$——地形图比例尺分母。

（3）平行线法

如图 2.2.6 所示，在透明纸上绘制间距为 d 的一组平行线。量算面积时，将绘制有平行线的透明纸覆盖在被量算的图形上，转动或平移透明纸，使上下平行线与图形相切，整个图形被分割成若干个等高的近似梯形，梯形的中线长为 l_i，各梯形的高均为 d，则被量算图形的实地面积为

$$A_i = l_i \times d \times M^2 \qquad\qquad (2.2\text{-}9)$$

汇总后的面积为

$$A = \sum_{i=1}^{n} l_i \times d \times M^2 \qquad\qquad (2.2\text{-}10)$$

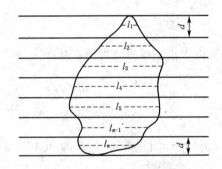

图 2.2.6　WGS-84 坐标系

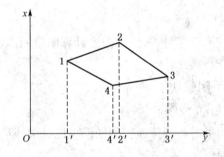

图 2.2.7　解析法

2）解析法

解析法亦称坐标法。当图形为任意多边形，且多边形各顶点的坐标为已知，可以利用面积公式计算面积。

如图 2.2.7 所示，四边形的四个点为 $1(x_1 、y_1)$、$2(x_2 、y_2)$、$3(x_3 、y_3)$ 和 $4(x_4 、y_4)$，由各顶点作 y 轴的垂线，则其面积为梯形 $122'1'$ 加梯形 $233'2'$ 减去梯形 $144'1'$ 与梯形 $433'4'$ 的面积，即

$$A = \frac{1}{2} \Big[(x_1 + x_2)(y_2 - y_1) + (x_2 + x_3)(y_3 - y_2) - (x_1 + x_4)(y_4 - y_1)$$
$$- (x_3 + x_4)(y_3 - y_4) \Big]$$

整理上式得

$$A = \frac{1}{2} \big[x_1(y_2 - y_4) + x_2(y_3 - y_1) + x_3(y_4 - y_2) + x_4(y_1 - y_3) \big]$$

或

$$A = \frac{1}{2} \left[y_1 (x_4 - x_2) + y_2 (x_1 - x_3) + y_3 (x_2 - x_4) + y_4 (x_3 - x_1) \right]$$

同理推广至 n 边形

$$A = \frac{1}{2} \sum_{i=1}^{n} x_i (y_{i+1} - y_{i-1}) \tag{2.2-11}$$

或

$$A = \frac{1}{2} \sum_{i=1}^{n} y_i (x_{i-1} - x_{i+1}) \tag{2.2-12}$$

上式中,当 $i=1$ 时,$i-1$ 取 n;当 $i=n$ 时,$i+1$ 取 1。上式中的多边形是按顺时针编号的,若按逆时针编号,计算的面积为负值,取值时应取正值。

3)求积仪法

求积仪是一种可以在图纸上量算不同图形面积的电子设备。市场上有多种型号的求积仪,其中最为常见的是 KP-90 N 求积仪。

2.6 施工场地平整的土方计算

1)方格网法

当场地地形起伏不大,且面积较大时,可采用方格网法计算土方。如图 2.2.8 所示,具体步骤如下:

(1)绘方格网

在地形图上拟平整场地范围内绘方格网,方格网的边长主要取决于地形的复杂程度、地形图比例尺的大小和土石方估算的精度要求,其实地长度一般为 10 m、20 m 或 50 m。

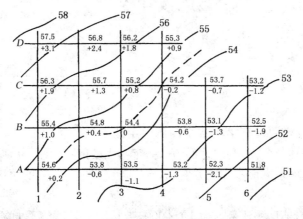

图 2.2.8 方格网法

(2)求各方格顶点的高程

根据地形图上的等高线,采用目估内插法求出各方格顶点地面高程,并注记在方格顶点右上方。

(3) 计算场地平整的设计高程

施工场地平整,一般要求挖方量和填方量大致平衡。因此,先将每一方格的 4 个格点高程相加后除以 4,得各方格的平均高程,再将每个方格的平均高程相加后除以方格总数,即得设计高程 $H_设$。

$$H_设 = \frac{\sum H_角 + 2\sum H_边 + 3\sum H_拐 + 4\sum H_中}{4n} \qquad (2.2\text{-}13)$$

式中:$\sum H_角$、$\sum H_边$、$\sum H_拐$、$\sum H_中$ —— 分别为角点、边点、拐点和中点的高程累计之和;

n——方格总数。

根据设计高程 $H_设$,在图上绘出高程为 $H_设$ 的等高线(图中虚线所示),此线上的点既不挖也不填,此线也是填挖边界线,亦称零线。

(4) 计算填挖高度

填挖高度等于地面高程减去设计高程,即

$$h = H_地 - H_设 \qquad (2.2\text{-}14)$$

式中:h——填挖高度,h 为正数时表示挖,h 为负数时表示填;

$H_地$——地面高程。

(5) 计算填挖方量

填挖方量可根据各方格顶点填挖高度计算,也可以按方格线依次计算,将所有的填方和挖方分别汇总,即可得到总填方量和总挖方量。

$$\left. \begin{aligned} \text{角点:} V_角 &= \frac{1}{4}Ah \\ \text{边点:} V_边 &= \frac{1}{2}Ah \\ \text{拐点:} V_拐 &= \frac{3}{4}Ah \\ \text{中点:} V_中 &= Ah \end{aligned} \right\} \qquad (2.2\text{-}15)$$

式中:A——小方格面积;

h——填挖高度。

2) 断面法

线路建设中,往往需要计算沿中线至两侧一定范围内线状地形的土石方量,多采用断面法。此法是在施工场地范围内,利用地形图以一定间距绘出断面图,分别求出各断面中由设计高程线与地面线围成的填方面积和挖方面积,然后计算相邻断面间的填挖方量,最后汇总即可得到总填挖方量。

如图 2.2.9 所示,地形图比例尺为 1:2 000,带状区域是欲整平的场地,场地整平后的设计高程为 47 m。先在地形图上带状区域内每隔一定距离 l 绘制一纵断面,断面间距 l 依据地形图比例尺和土方计算精度而定,一般取 10 m、20 m 或 50 m 等,绘出断面图 1-1、2-2、…、6-6,并在断面图上绘出设计高程线,然后分别求出各断面设计高程线与断面图所围成填方面积和挖方面积,计算相邻断面间的土方量。

例如,1-1 和 2-2 两断面间的土石方为

填方

$$V_\mathrm{T} = \frac{1}{2}(A_\mathrm{T1} + A_\mathrm{T2})l \qquad (2.2\text{-}16)$$

挖方

$$V_\mathrm{W} = \frac{1}{2}(A_\mathrm{W1} + A_\mathrm{W2})l \qquad (2.2\text{-}17)$$

同理,可以计算出其他相邻断面间的土方量,最后即可得到总填方量和总挖方量。

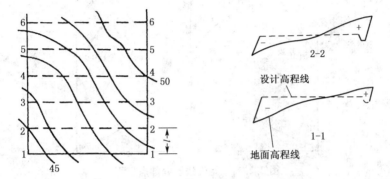

图 2.2.9 断面法

3) 等高线法

场地地面起伏较大,且仅计算挖方时,可采用等高线法。这种方法是从场地设计高程的等高线开始,算出各等高线所包围的面积,分别将相邻两等高线所围面积的平均值乘以等高距(或相应的高差),得到相邻两等高线平面间的土方量,最后汇总得总挖方量。

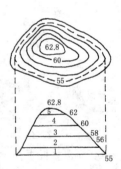

图 2.2.10 等高线法

如图 2.2.10 所示,地形图的比例尺为 1∶1 000,等高距为 2 m,场地整平后的设计高为55 m。首先在地形图上内插出设计高程为 55 m 的等高线,如图中虚线,再求出 56 m、58 m、60 m 和 62 m 四条等高线所围成的面积 A_{56}、A_{58}、A_{60} 和 A_{62},则可计算出等高线间的挖方量为

$$V_1 = \frac{1}{2}(A_{55} + A_{56}) \times 1$$

$$V_2 = \frac{1}{2}(A_{56} + A_{58}) \times 2$$

$$V_3 = \frac{1}{2}(A_{58} + A_{60}) \times 2$$

$$V_4 = \frac{1}{2}(A_{60} + A_{62}) \times 2$$

$$V_5 = \frac{1}{3}A_{62} \times (62.8 - 62) = \frac{1}{3}A_{62} \times 0.8 \qquad (2.2\text{-}18)$$

则总土方量为

$$\sum V_\mathrm{W} = V_1 + V_2 + V_3 + V_4 + V_5 \qquad (2.2\text{-}19)$$

思考与讨论

1. 如图 2.2.11 所示,根据地性线和碎部点高程,按基本等高距为 10 m,用目估内插法勾绘等高线。

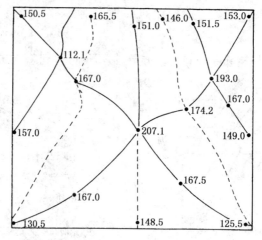

图 2.2.11　地性线及碎部点高程

2. 如图 2.2.12 所示,地形图的比例尺为 1∶1 000,要求绘制 AB 方向的断面图。

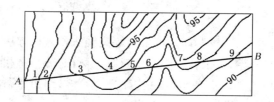

图 2.2.12　地形图

3. 图 2.2.13 为某一地区的地形图,比例尺为 1∶5 000,要求根据所学知识完成下列问题:

(1) 求 A、B、C 三点的高程。

(2) 求 A、B、C 三点的坐标。

(3) 求 A、B 两点间的距离。

(4) 求 BC 连线的坐标方位角。

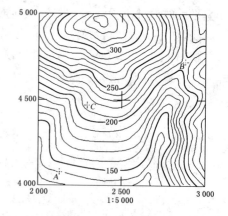

图 2.2.13　地形图

项目三

施 工 测 量

任务 1　施工测量的基本方法

学习目标

- 熟知与测设相关的基本术语;
- 具备使用测量仪器进行距离、角度和高程测设的技能;
- 具备根据施工现场具体情况,进行点位测设的技能。

任务内容

本任务介绍了施工测设的三项基本技术和点位测设的四种方法。其中测设三项基本技术是水平距离测设、水平角测设和高程测设;点的平面位置测设方法有直角坐标法、极坐标法、角度交会法或距离交会法。

施工测量是把设计的建筑物、构筑物的平面位置和高程,按设计要求以一定的精度设计在地面上,作为施工的依据。施工测量包括水平距离测设、水平角测设和高程测设三项基本工作。

1.1　水平距离测设

从直线的一个已知端点出发,沿着一确定方向量取设计长度,定出直线的另一端点的工作称为水平距离测设。距离测设一般使用钢尺或全站仪。

1.1.1　钢尺测设水平距离

如图 3.1.1 所示,将钢尺的零点对准起点 A,沿给定方向,量取设计长度定出端点 B。

图 3.1.1　水平距离测设

1.1.2 全站仪测设水平距离

现在距离测设多采用全站仪,将全站仪安置在 A 点,瞄准指定方向,指挥镜站沿视线方向前后移动,直至距离符合设计要求,定出端点 B。亦可先定出一个概略点 B',求出概略位置距离 D' 与设计距离 D 的差值 ΔD,由改正距离 ΔD 定出端点 B,如图 3.1.1 所示。

1.2 水平角测设

水平角测设就是根据给定角的顶点和起始方向,将设计的水平角的另一方向标定出来。根据精度要求的不同,水平角测设有两种方法。

1.2.1 水平角测设的一般方法

当水平角测设精度要求不高时,其测设步骤如下:

(1) 如图 3.1.2 所示,O 为给定的角顶点,OA 为已知方向,将经纬仪安置于 O 点,用盘左后视 A 点,并使水平度盘读数为 $0°00'00''$。

(2) 顺时针转动照准部,使水平度盘读数准确定在要测设的水平角值 β,在望远镜视准轴方向上标定一点 B。

(3) 松开照准部制动螺旋,倒镜,用盘右后视 A 点,读取水平度盘读数为 α,顺时针转动照准部,使水平度盘读数为 $(\alpha+\beta)$,同法在地面上定出 B'' 点,并使 $OB''=OB'$。

(4) 如果 B' 与 B 重合,则 $\angle AOB$ 即为欲测设的 β 角;若 B' 与 B'' 不重合,取 $B'B''$ 连线的中点 B,则 $\angle AOB$ 为欲测设的 β 角。

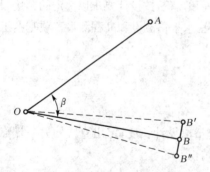

图 3.1.2 水平角测设的一般方法

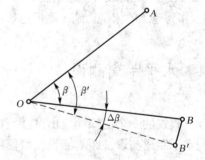

图 3.1.3 水平角测设的精密方法

1.2.2 水平角测设的精密方法

该方法用于测设精度要求较高时,如图 3.1.3 所示,其测设步骤如下:

(1) 先用一般方法测 B' 点。

（2）用测回法测出 $\angle AOB'$ 的角值，并记为 β'。

（3）计算 $\Delta\beta = \beta - \beta'$，$\Delta\beta$ 为正，则顺时针改正；$\Delta\beta$ 为负，则逆时针改正。

（4）过 B' 作 OB' 的垂线，在垂线方向精确量取 $BB' = OB' \tan(\beta - \beta')$，则 $\angle AOB$ 为欲测设的 β 角。

1.3 高程测设

在高程测设过程中，一般采用水准测量的方法实施。

1.3.1 一般高程测设

将设计高程测设于地面上，是根据施工区域的已知水准点进行的。如图 3.1.4 所示，A 点为已知水准点，其高程为 H_A，B 为欲测设高程点，其设计高程为 H_B。将水准仪安置于 A、B 两点之间等距离处，后视 A 点上的水准尺，得水准尺读数为 a。在 B 点处钉一大木桩，转动水准仪的望远镜，前视 B 点上的水准尺，使尺缓缓上下移动，当尺读数恰好为

$$b = H_A + a - H_B \tag{3.1-1}$$

时，尺底的高程即为设计高程 H_B，用红笔沿尺底画线标出。

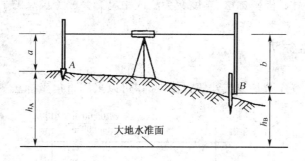

图 3.1.4 高程测设

1.3.2 高程传递

当开挖较深的基坑或建造建筑物时，需向低处或高处传递高程。如图 3.1.5 所示，为向基坑传递高程。A 点为已知水准点，其高程为 H_A，B 为基坑内欲测设高程点，其设计高程为 H_B。在基槽边埋一吊杆，从杆端悬挂一钢尺（零端在下），尺端吊一重锤。在地面上和基坑内各安置一台水准仪，分别在 A、B 两点竖立水准尺，由两台水准仪同时读取水准尺和钢尺上的读数 a_1、b_1、a_2 和 b_2，则 B 点的高程为

$$H_B = H_A + a_1 - b_1 + a_2 - b_2 \tag{3.1-2}$$

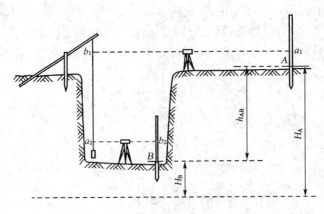

图 3.1.5　高程传递

为了保证引测 B 点的高程的正确,应改变悬挂钢尺的位置,按上述方法重测一次,两次测得的高程较差不得大于 3 mm。

1.4　点的平面位置测设

施工放样是通过测设建筑物或构筑物的特征点实现的,根据施工现场条件和施测设备的不同,常采用直角坐标法、极坐标法、角度交会法或距离交会法测设点的平面位置。

1.4.1　直角坐标法

当建筑场地布设有建筑基线或建筑方格网时,可以采用直角坐标法测设点位。

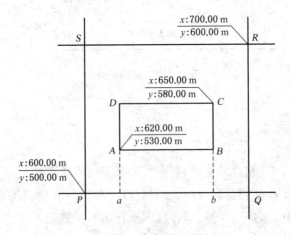

图 3.1.6　直角坐标法

如图 3.1.6 所示,$PQRS$ 为施工场地的矩形控制网,$ABCD$ 为拟放样建筑物轴线。现以 A 点为例,介绍直角坐标法测设。先计算 A 点相对于 P 点的纵、横坐标增量,沿 PQ 方向测设长度为横坐标增量的一段水平距离得 a 点,在 a 点安置经纬仪,测设直角给出 aA 方向,沿 aA 向测设长度为纵坐标增量的一段水平距离得 A 点。同理,测设出其他各点。

1.4.2　极坐标法

极坐标法是根据水平角和距离测设点的平面位置,适用于测设点距控制点较近,且便于量距的情况。

如图 3.1.7 所示,A、B 为控制点,其坐标已知,P 为欲测设点位,其设计坐标已知。欲测设 P 点位置,应先计算测设数据 β 和 D_{AP}。

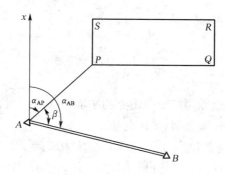

图 3.1.7　极坐标法

$$\left.\begin{aligned}\alpha_{AB} &= \arctan\frac{y_B - y_A}{x_B - x_A} = \arctan\frac{\Delta y_{AB}}{\Delta x_{AB}} \\ \alpha_{AP} &= \arctan\frac{y_P - y_A}{x_P - x_A} = \arctan\frac{\Delta y_{AP}}{\Delta x_{AP}}\end{aligned}\right\} \tag{3.1-3}$$

则

$$\beta = \alpha_{AB} - \alpha_{AP} \tag{3.1-4}$$

$$D_{AP} = \sqrt{(x_P - x_A)^2 + (y_P - y_A)^2} \tag{3.1-5}$$

放样时,将经纬仪安置在 A 点,测设水平角 β,定出 AP 方向,再沿此方向测设一段距离 D_{AP},即得到测设点 P。

1.4.3　角度交会法

角度交会法又称方向线交会法,是测设两个或三个已知水平角,根据各角提供的视线交会出点的平面位置的一种方法。当控制点较远,且不便于量距时采用此法。

如图 3.1.8 所示,A、B、C 为控制点,其坐标已知。P 为欲测设点位,其设计坐标已知。欲测设 P 点位置,用坐标反算公式确定方位角 α_{AB}、α_{CB}、α_{AP}、α_{BP}、α_{CP} 及测设数据 β_1、β_2、β_3。测设时,先在 P 点概略位置打一个顶面为 $10\text{ cm} \times 10\text{ cm}$ 的木桩,则三条方向线 AP、BP、CP 交于 P 点。由于测量中存在误差,实际上三条方向线一般并不交于一点,而交会成一个三角形

abc,称为误差三角形,一般取误差三角形的重心作为 P 点的位置。

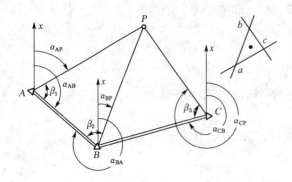

图 3.1.8　角度交会法

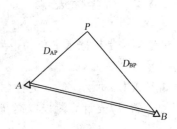

图 3.1.9　距离交会法

1.4.4　距离交会法

距离交会法是根据两段已知距离交会出点的平面位置的一种方法。当便于量距,且测设点与两已知点的距离小于一尺段长时,采用此法。

如图 3.1.9 所示,A、B 为控制点,其坐标已知,P 为欲测设点位,其设计坐标已知。欲测设 P 点,先计算出测设数据 D_{AP} 和 D_{BP},再分别以 A、B 为圆心,以 D_{AP} 和 D_{BP} 为半径画弧,两弧的交点即为 P 点的位置。

思考与讨论

1. 测设的基本工作是什么?

2. 测设点的平面位置有几种方法? 分别适用于什么情况?

3. 施工场地附近有一已知水准点 A,其高程为 43.265 m,欲测设高程为 43.600 m 的施工厂区的 ±0.000 m 标高点 B。设立在 A 点的水准尺读数为 1.237 m,则 B 点水准尺读数是多少? 如何进行测设?

4. 在施工厂区已知两控制点 A 和 B,其坐标分别为 A(631.547 m,659.516 m)、B(742.483 m,834.862 m),欲测设 P 点,其设计坐标为(693.475 m,782.942 m),分别用极坐标法、角度交会法测设 P 点,试计算测设数据并简述测设方法。

【实训】

高程放样和平面点位放样的操作

任务 2　工业与民用建筑施工测量

学习目标

- 熟知施工控制测量的基本知识;
- 具备测设建筑基线和建筑方格网的技能;
- 具备不同坐标系间点的坐标换算能力;
- 熟知民用建筑施工测量的基本知识;
- 了解施工测量准备工作的内容;
- 具备建筑物定位和放线的技能;
- 具备实施民用建筑基础施工、墙体施工和高程传递测量的技能;
- 具备实施高层建筑轴线投测和高程传递的技能;
- 熟知工业建筑施工测量的基本知识;
- 具备实施工业厂房施工控制的能力;
- 具备实施厂房柱列轴线、杯形基础及厂房预制构件安装等施工测量技能。

任务内容

本任务介绍了施工场地控制测量、民用建筑施工测量和工业建筑施工测量的基本知识和测量方法。施工场地控制测量中主要介绍了建筑基线和建筑方格网的相关知识和测设方法、施工场地的高程控制测量及测图坐标与施工坐标的转换。民用建筑施工测量中介绍了测设前的准备工作、建筑物的定位和放线、建筑物基础施工测量、墙体施工测量和高层建筑的轴线投测、高程传递等内容。工业建筑施工测量中介绍了工业厂房施工控制测量、柱列轴线、杯形基础及厂房预制构件安装等内容。

2.1　施工场地控制测量

为工程施工而布设的控制网称为施工控制网,施工控制网也分为平面控制网和高程控制网。

2.1.1　施工场地平面控制

施工平面控制网的布设形式,应根据地形条件和建筑总平面图而定。可采用多种布设形式,如三角网、导线网、建筑基线或建筑方格网等。现主要介绍建筑基线和建筑方格网。

1）建筑基线

（1）建筑基线的布设形式

对于施工场地地形平坦，且区域不大时，通常布置一条或几条施工场地控制线，称为建筑基线，作为施工区平面控制的依据。建筑基线的布设形式有三点"一"字形、三点"L"形、四点"T"字形和五点"十"字形，如图 3.2.1 所示。

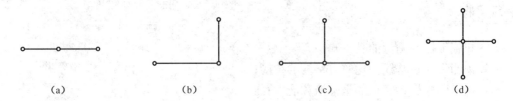

（a）   （b）   （c）   （d）

图 3.2.1 建筑基线

建筑基线的位置应尽量靠近建筑场地中主要建筑物，且与其轴线平行。建筑基线的主点个数应不少于 3 个，主点间应相互通视，点位应设置在便于保存的位置。

（2）建筑基线的测设

建筑基线可以利用场地已有控制点测设。现以常见的三点"一"字形基线为例，介绍建筑基线的测设。

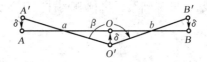

图 3.2.2 建筑基线的测设

如图 3.2.2 所示，先测设出三主点 A、O、B 的概略位置 A'、O'、B'，由于测设误差，三点不可能在一条直线上。在 O' 点安置经纬仪，精确观测角 $\angle A'O'B'$ 的值 β，若 β 与 $180°$ 之差超限，则应进行点位的调整。调整是将 A'、O'、B' 按图中所示方向移动一改正值 δ，使 A、O、B 三点位于同一直线上。调整值 δ 为

$$\delta = \frac{ab}{2(a+b)} \times \frac{(180° - \beta)}{\rho} \tag{3.2-1}$$

式中：a、b——OA、OB 的长度。

除了调整角度之外，还要调整三个主点间的距离。如施测距离与设计距离的相对误差超限，则应以 O 点为准，分别按设计值调整 A 点和 B 点的位置，直至符合要求为止。

2）建筑方格网

当建筑区域地势平坦，建筑物布置比较规则且密集时，宜采用建筑方格网。方格网的布设应根据建筑设计总平面图上各建筑物、构筑物和各种管线布置，结合施工场地的地形情况，先选定轴线，然后布设方格网。当建筑场地面积较大时，可分两级进行。首先测设"十"字形、"口"字形或"田"字形的主轴线，然后再加密次级的方格网，如图 3.2.3 所示。当场地面积不大时，应尽量布设成全面的方格网。

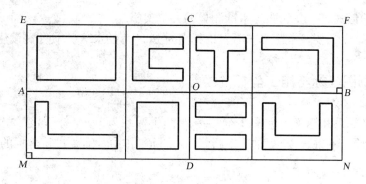

图 3.2.3　建筑方格网

建筑方格网的主要技术要求见表 3.2.1。

表 3.2.1　建筑方格网的主要技术要求

等级	边长(m)	测角中误差(″)	边长相对中误差
Ⅰ级	100～300	5	≤1/30 000
Ⅱ级	100～300	8	≤1/20 000

（1）主轴线测设

建筑方格网的主轴线应布设在整个建筑场地的中央,其方向应与建筑物的轴线平行或垂直,且轴线的主点不少于 3 个。如图 3.2.4 所示,首先测设出主轴线 AOB,其测设方法与建筑基线相同;然后采用水平角精密测设的方法测设 C 点和 D 点。

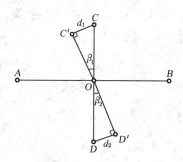

图 3.2.4　主轴线测设

与此同时,应检查 OC 和 OD 的长度是否在限差范围内。

（2）详细测设

主轴线测设完毕后,分别在主轴线的端点安置经纬仪,以 O 点为起始方向,分别向左、向右测设直角,交会出“田”字方格网。检查方格网的边长和角度,其误差应在限差范围内。然后以“田”字方格网为基础,加密其余的方格网点。

2.1.2　施工场地高程控制

施工场地的高程控制网,当施工场地面积较大时,可分两级布设,即首级网和加密网。控制点的密度以安置一次仪器就能测设所需的高程点为要求。首级网应布成闭合水准路线或附合水准路线的形式,采用三、四等水准测量的方法实施。

为了建筑施工的需要,一般还需布设相对标高为±0.000的水准点,便于测设建筑设计标高。

2.1.3　测图坐标与施工坐标的换算

由于测图坐标系和施工坐标系并不一致,测图坐标系为 xy 坐标系,建筑坐标系为 AB 坐标系,往往二者原点不重合,坐标轴不平行,但在实际工作中常需要进行坐标的转换。

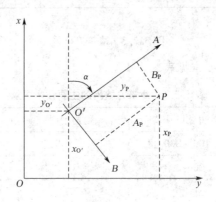

图 3.2.5　坐标换算

如图 3.2.5 所示,xOy 为测图坐标系,$AO'B$ 为施工坐标系,P 点在测图坐标系中的坐标为 (x_P, y_P),在施工坐标系中的坐标为 (A_P, B_P),施工坐标系原点在测图坐标系中的坐标为 $(x_{O'}, y_{O'})$,α 为测图坐标系纵轴和施工坐标系纵轴之间的夹角。

将测图坐标转换为施工坐标,可按下式计算:

$$\left. \begin{aligned} A_P &= (x_P - x_{O'})\cos\alpha + (y_P - y_{O'})\sin\alpha \\ B_P &= -(x_P - x_{O'})\sin\alpha + (y_P - y_{O'})\cos\alpha \end{aligned} \right\} \tag{3.2-2}$$

将施工坐标转换为测图坐标,可按下式计算:

$$\left. \begin{aligned} x_P &= x_{O'} + A_P\cos\alpha - B_P\sin\alpha \\ y_P &= y_{O'} + A_P\sin\alpha + B_P\cos\alpha \end{aligned} \right\} \tag{3.2-3}$$

2.2　民用建筑施工测量

民用建筑是提供人们居住、生活和进行社会活动用的建筑物,如住宅、办公楼、商场、医院和学校等。民用建筑施工测量就是按照设计要求,配合施工进度,将民用建筑的平面位置和高程测设出来。由于建筑物的类型、结构和层数的不同,其施工测量的方法和精度要求也不相同,但施工测量的过程基本一致,主要包括建筑物的定位、细部轴线放线、基础和墙体施工测量等。

2.2.1　施工测量前的准备工作

1）熟悉设计图纸

设计图纸是施工测量的主要依据,施工测量前应熟悉设计图纸。

（1）建筑总平面图

建筑总平面图给出了施工场地上所有建筑物和道路的平面位置及其主要点的坐标,标出了相邻建筑物之间的尺寸关系,注明了各栋建筑物室内地坪高程,是测设建筑物总体位置和高程的重要依据,如图 3.2.6 所示。

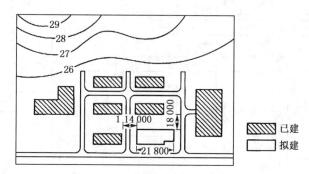

图 3.2.6　建筑总平面图

（2）建筑平面图

建筑平面图标明了建筑物首层、标准层等各楼层的总尺寸,以及楼层内部各轴线之间的尺寸关系,如图 3.2.7 所示。它是测设建筑物细部轴线的依据,应注意其尺寸与建筑总平面图的尺寸是否相符。

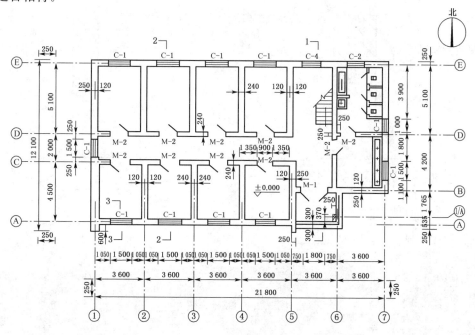

图 3.2.7　建筑平面图

（3）基础平面图及基础详图

基础平面图及基础详图标明了基础形式、基础布置、基础中心或轴线的位置、基础边线与定位轴线之间的尺寸关系、基础横断面的形状和大小以及基础不同部位的设计标高等，它是测设基槽(坑)开挖边线和开挖深度的依据，也是基础定位及细部放样的依据，如图 3.2.8 和图 3.2.9 所示。

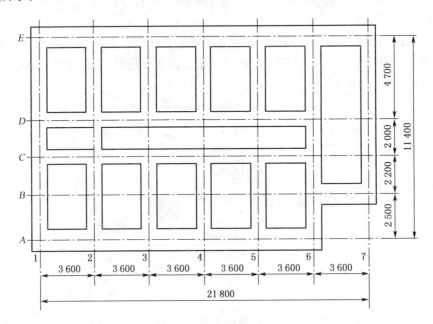

图 3.2.8　基础平面图

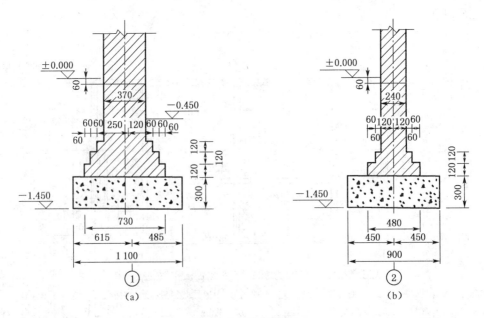

图 3.2.9　基础详图

146

（4）立面图和剖面图

立面图和剖面图标明了室内地坪、门窗、楼梯平台、楼板、屋面及屋架等的设计高程，这些高程通常是以±0.000标高为起算点的相对高程，它是测设建筑物各部位高程的依据。

2）现场踏勘

为了了解施工场地的地物、地貌以及已有控制点的分布状况，应进行现场踏勘，以便根据现场实地情况确定测设方案。

3）确定测设方案和准备测设设计数据

在熟悉设计图纸、掌握施工计划和施工进度的基础上，结合现场条件和实际情况，拟定测设方案。具体包括测设方法、测设步骤、采用的仪器工具、精度要求和时间安排等。

在每次现场测设之前，应根据设计图纸和测量控制点的分布情况，准备好相应的测设数据并对数据进行检核，根据需要尽可能绘出测设略图，把测设数据标注在略图上，便于现场测设，减少出错的可能。

2.2.2 建筑物定位和放线

1）建筑物的定位

建筑物的定位是将建筑物外廓各轴线交点（又称角桩）测设在地面上，作为基础放样和细部放样的依据。

由于设计条件和施工现场情况的不同，建筑物的定位方法有根据控制点定位、根据建筑基线或建筑方格网定位和根据与原有建筑物或道路的关系定位等。

（1）根据控制点定位

根据施工场地已有控制点和设计点坐标，可以进行建筑物的定位。具体可参见点的平面位置测设的方法。

（2）根据建筑基线或建筑方格网定位

根据建筑基线或建筑方格网进行建筑物的定位，主要采用直角坐标法测设。依据测设数据方便使用经纬仪和钢尺进行测设。

（3）根据与原有建筑物或道路的关系定位

当施工场区没有控制点、建筑基线和建筑方格网时，只有拟建建筑物和原有建筑物或道路的关系数据时，可以利用原有建筑物或道路定位。

如果拟建建筑物与原有建筑物的轴线保持平行或垂直关系，可根据原有建筑物，利用延长直线法、直角坐标法和平行线法等方法测设拟建建筑物的位置。如图3.2.10所示，原有建筑物为$ABCD$，拟建建筑物为$EFGH$。测设步骤如下：

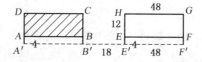

图3.2.10 根据与原有建筑物的关系定位

① 沿原有建筑物的两侧外墙拉线,用钢尺顺线从墙角往外量一段较短的距离 4 m,在地面上定出 A' 和 B' 两个点,A' 和 B' 的连线即为原有建筑物的平行线。

② 在 A' 点安置经纬仪,照准 B' 点,用钢尺从 A' 点沿视线方向量取 18 m,在地面上定出 E' 点,再从 E' 点沿视线方向量取 48 m,在地面上定出 F' 点,E' 和 F' 的连线即为与拟建建筑物平行的一条基线,其长度等于长轴尺寸。

③ 在 E' 点安置经纬仪,照准 F' 点,逆时针测设 90°,在视线方向上量取 4 m,在地面上定出 E 点,再从 E 点沿视线方向量取 12 m,在地面上定出 H 点。同理,在 F' 点安置经纬仪,照准 E' 点,顺时针测设 90°,在视线方向上量取 4 m,在地面上定出 F 点,再从 F 点沿视线方向量取 12 m,在地面上定出 G 点。则 E、F、G 和 H 点即为拟建建筑物的四个定位轴线点。

④ 在 E、F、G 和 H 点上安置经纬仪,检核四个大角是否为 90°,用钢尺丈量四条轴线的长度,检核长轴是否为 48 m,短轴是否为 12 m。

2）建筑物的放线

建筑物的放线是指根据已定位的外墙轴线交点,详细测设出建筑物各轴线的交点,并钉桩以表示交点的位置,称为交点桩或称中心桩,并将轴线延长到安全的地方做好标志。然后以细部轴线为依据,按基础宽度和放坡要求用白灰撒出基础开挖边线。

（1）细部轴线交点的测设

如图 3.2.11 所示,A 轴、E 轴、①轴和⑦轴是建筑物的四条外墙主轴线,其轴线交点 A1、A7、E1 和 E7 是建筑物的定位点,根据各主次轴线间隔测设次要轴线与主轴线的交点。

① 在 A1 点安置经纬仪,照准 A7 点,把钢尺的零端对准 A1 点,沿视线方向拉钢尺,在钢尺上读数等于①轴和②轴间距定出 A2 点。

② 在测设 A 轴与③轴的交点 A3 时,方法同上,仍然要将钢尺的零端对准 A1 点,并沿视线方向拉钢尺,使钢尺读数应为①轴和③轴间距,这种做法可以减小钢尺对点误差,避免轴线总长度增长或减短。如此依次测设 A 轴与其他有关轴线的交点。测设完最后一个交点后,用钢尺检查各相邻轴线桩的间距是否等于设计值,误差应小于1/3 000。

③ 测设完 A 轴上的轴线点后,用同样的方法测设 E 轴、①轴和⑦轴上的轴线点。

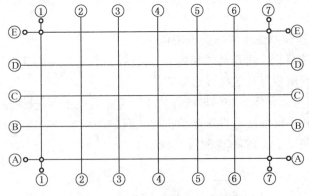

图 3.2.11　细部轴线交点的测设

（2）轴线引测

在基槽或基坑开挖时,定位桩和细部轴线桩均会被挖掉,为了使开挖后各阶段施工能准确地恢复各轴线位置,应把各轴线延长到开挖范围以外的地方并做好标志,这个工作称为引测轴线,具体有设置龙门板和轴线控制桩两种形式。

① 设置龙门板

如图 3.2.12 所示,在建筑物四角和中间隔墙的两端,距基槽边线约 1~2 m 以外,竖直钉设大木桩,称为龙门桩,并使桩的外侧面平行于基槽。根据附近水准点,用水准仪将±0.000标高测设在每个龙门桩的外侧上,并画出横线标志。如果现场条件不允许,也可测设比±0.000 高或低一定数值的标高线,同一建筑物最好只用一个标高,如因地形起伏大用两个标高时,一定要标注清楚,以免使用时发生错误。在相邻两龙门桩上钉设木板,称为龙门板,龙门板的上沿应和龙门桩上的横线对齐,使龙门板的顶面标高在一个水平面上,并且标高为±0.000,或比±0.000 高或低一定的数值,龙门板顶面标高的误差应在±5 mm 以内。根据轴线桩,用经纬仪将各轴线投测到龙门板的顶面,并钉上小钉作为轴线标志,此小钉也称为轴线钉,投测误差应在±5 mm 以内;用钢尺沿龙门板顶面检查轴线钉的间距,其相对误差不应超过 1/3 000。恢复轴线时,将经纬仪安置在一个轴线钉上方,照准相应的另一个轴线钉,其视线即为轴线方向。此法对施工干扰较大,现在已很少使用。

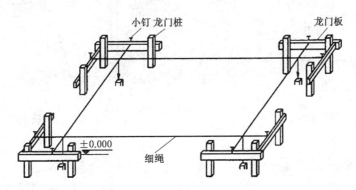

图 3.2.12 设置龙门板

② 设置轴线控制桩

轴线控制桩一般设在开挖边线 4 m 以外的地方,并用水泥砂浆加固,如图 3.2.13 所示。如果附近有固定建筑物和构筑物,最好将轴线投测在这些物体上,便于保护,但至少有一个轴线控制点设置在地面上,以便今后能安置经纬仪来恢复轴线。将轴线控制桩引测到较远的地方时,应采用盘左和盘右两次投测取中数法来引测,以减少引测误差和避免错误的出现。

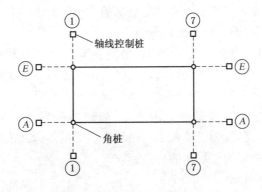

图 3.2.13 设置轴线控制桩

（3）撒基础开挖边线

如图 3.2.14 所示，根据基础剖面图给出的设计尺寸计算基槽的开挖宽度 2d。

$$d = B + mh \qquad (3.2\text{-}4)$$

式中：B——基底宽度，可从基础剖面图查取；

h——基槽深度；

m——边坡坡度的分母。

根据计算结果，在地面上以轴线为中线往两边各量出 d，拉线并撒上白灰，即为开挖边线。如果是基坑开挖，则只需按最外围墙体基础的宽度、深度及放坡确定开挖边线。

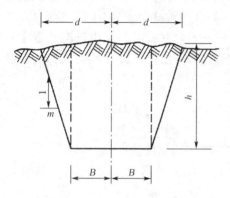

图 3.2.14　基槽开挖宽度

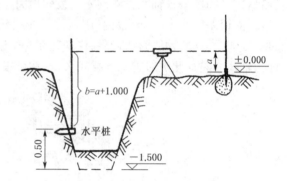

图 3.2.15　基槽水平桩测设

2.2.3　基础施工测量

1）基槽水平桩测设

为了控制基槽开挖深度，当基槽挖到接近槽底设计高程时，应在槽壁上测设一些水平桩，使水平桩的上表面离槽底设计高程为某一整分米数（例如 5 dm），用以控制挖槽深度，也可作为槽底清理和打基础垫层时掌握标高的依据。如图 3.2.15 所示，一般在基槽各拐角处打上水平桩，在直槽壁上每隔 10 m 左右测设一个水平桩，然后拉上白线，线下 0.50 m 即为槽底设计高程。

测设水平桩时，以画在龙门板或周围固定地物的 ±0.000 标高线为已知高程点，用水准仪进行测设。水平桩上的高程误差应在 ±10 mm。

垫层面标高的测设可以以水平桩为依据在槽壁上弹线，也可在槽底打入垂直桩，使桩顶标高等于垫层面的标高。如果垫层需安装模板，可以直接在模板上弹出垫层面的标高线。

当使用机械开挖时，一般是一次挖到设计槽底或坑底的标高，因此要在施工现场安置水准仪，边挖边测，随时指挥挖土机调整挖土深度，一般使槽底或坑底的标高略高于设计标高10 cm，留给人工清土。挖完后，为了给人工清底和打垫层提供标高依据，还应在槽壁或坑壁上打水平桩，水平桩的标高一般为垫层面的标高。

2）垫层上中线投测

垫层打好后，根据龙门板上的轴线钉或轴线控制桩，用经纬仪或拉线挂垂球的方法将轴线投测到垫层上,并用墨线弹出基础中心线和边线,以便砌筑基础或安装基础模板。

3）基础墙标高控制

±0.000 以下的砖墙称为基础墙,其标高一般是用基础皮数杆来控制的。基础皮数杆用一根木杆做成,在杆上注明±0.000 的位置,按照设计尺寸将砖和灰缝的厚度分皮从上往下一一画出来,此外还应注明防潮层和预留洞口的标高位置,如图 3.2.16 所示。立皮数杆时,可先在立杆处打一个木桩,用水准仪在木桩侧面测设一条高于垫层设计标高某一数值(如 30 cm)的水平线,然后将皮数杆上标高相同的一条线与木桩上的水平线对齐,并用大铁钉把皮数杆和木桩钉在一起,作为砌筑基础墙的标高依据。对于采用钢筋混凝土的基础,可用水准仪将设计标高测设于模板上。

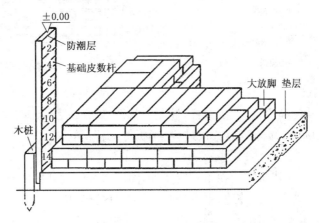

图 3.2.16　基础墙标高控制

基础施工结束后,应检查基础面的标高是否满足设计要求,也可以检查防潮层。用水准仪测出基础面上的若干点的高程,和设计高程相比较,允许误差为 10 mm。

2.2.4　墙体施工测量

1）首层墙体施工测量

（1）墙体轴线测设

基础工程施工结束后,应对龙门板或轴线控制桩进行检查复核,经复核无误后,方可根据轴线控制桩或龙门板上的轴线钉,用经纬仪法或拉线法,将首层楼房的墙体轴线测设到墙体上,并弹出墨线,然后用钢尺检查墙体轴线的间距和总长是否等于设计值,用经纬仪检查外墙轴线四个主要交角是否等于 90°。符合要求后,把墙体轴线延长到基础外墙侧面上并弹出墨线及做出标志,作为向上投测各层楼房墙体轴线的依据。同时,还应把门、窗和其他洞口的边线也在基础外墙侧面上做出标志,如图 3.2.17 所示。

墙体砌筑前,根据墙体轴线和墙体厚度弹出墙体边线,照此进行墙体砌筑。砌筑到一定高度后,用吊垂线将基础外墙侧面上的轴线引测到地面以上的墙体上,以免基础覆土后看不见轴线标志。如果轴线处是钢筋混凝土柱,则在拆柱模后将轴线引测到桩身上。

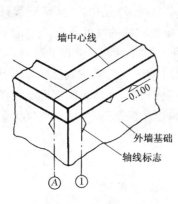

图 3.2.17　墙体轴线测设

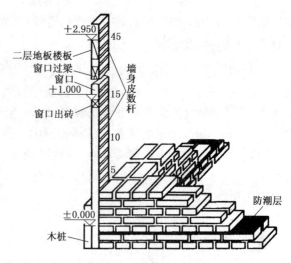

图 3.2.18　墙体标高测设

（2）墙体标高测设

在墙体砌筑时，其标高用墙身"皮数杆"控制。如图 3.2.18 所示，在皮数杆上根据设计尺寸，按砖和灰缝厚度画线，并标明门、窗、过梁、楼板等的标高位置。杆上标高注记从 ±0.000 向上增加。

墙身皮数杆一般立在建筑物的拐角和内墙处，固定在木桩或基础墙上。为了便于施工，采用里脚手架时，皮数杆立在墙的外边；采用外脚手架时，皮数杆应立在墙里边。立皮数杆时，先用水准仪在立杆处的木桩或基础墙上测设出 ±0.000 标高线，测量误差在 ±3 mm 以内，然后把皮数杆上的 ±0.000 线与该线对齐，用垂球校正并用钉钉牢，必要时可在皮数杆上加两根钉斜撑，以保证皮数杆的稳定。

墙体砌筑到 1.5 m 左右时，应在内、外墙面上测设出 +0.50 m 标高的水平墨线，称为"+50 线"。外墙的 +50 线作为向上传递各楼层标高的依据，内墙的 +50 线作为室内地面施工及室内装修的标高依据。

2）二层及以上墙体施工测量

（1）墙体轴线投测

首层楼面建好后，为了保证继续往上砌筑墙体时，墙体轴线均与基础轴线在同一铅垂面上，应将基础或首层墙面上的轴线投测到楼面上，并在楼面上重新弹出墙体的轴线，检查无误后，以此为依据弹出墙体边线，再往上砌筑。

多层建筑一般采用吊垂线法，将较重的垂球悬挂在楼面的边缘，慢慢移动，使垂球尖对准地面上的轴线标志，或者使吊垂线下部沿垂直墙面方向与底层墙面上的轴线标志对齐，吊垂线上部在楼面边缘的位置就是墙体轴线的位置，在此画一条短线作为标志，便在楼面上得到轴线的一个端点，同法投测另一端点，两端点的连线即为墙体轴线。

建筑物的主轴线一般都要投测到楼面上来，弹出墨线后，再用钢尺检查轴线间的距离，其相对误差不得大于 1/3 000。符合要求之后，再以这些主轴线为依据，用钢尺内分法测设其他细部轴线。在困难的情况下至少要测设两条垂直相交的主轴线，检查交角合格后，用经纬仪和钢尺测设其他主轴线，再根据主轴线测设细部轴线。

吊垂线法受风的影响较大,因此应在风小的时候作业,投测时应等待垂球稳定下来后再在楼面上定点。此外,每层楼面的轴线均应直接由底层投测上来,以保证建筑物的总竖直度。只要注意这些问题,用吊垂线法进行多层楼房的轴线投测的精度是有保证的。

(2)墙体标高传递

在多层建筑物施工中,要由下往上将标高传递到新的施工楼层,以便控制新楼层的墙体施工,使其标高符合设计要求。标高传递一般可有以下两种方法。

① 利用皮数杆传递标高

一层楼房墙体砌完并建好楼面后,把皮数杆移到二层继续使用。为了使皮数杆立在同一水平面上,用水准仪测定楼面四角的标高,取平均值作为二楼的地面标高,并在立杆处绘出标高线,立杆时将皮数杆的±0.000 线与该线对齐,然后以皮数杆为标高的依据进行墙体砌筑。如此用同样方法逐层往上传递高程。

② 利用钢尺传递标高

在标高精度要求较高时,可用钢尺从底层的+50 标高线起往上直接丈量,把标高传递到第二层,然后根据传递上来的高程测设第二层的地面标高线,以此为依据立皮数杆。在墙体砌到一定高度后,用水准仪测设该层的+50 标高线,再往上一层的标高可以此为准用钢尺传递,依此类推,逐层传递标高。

2.2.5　高层建筑施工测量

根据《民用建筑设计通则》,住宅建筑按层数分为:1~3 层称为低层建筑,4~6 层称为多层建筑,7~9 层称为中高层建筑,10 层以上称为高层建筑。高层建筑由于其体形大、层数多、高度高、造型多样化、建筑结构复杂、设备和装修标准高,因此,对施工测量的精度要求较高。对于高层建筑施工测量,根据《工程测量规范》(GB 50026—2007)的规定,其对轴线竖向投测和标高竖向传递要求见表 3.2.2。

表 3.2.2　轴线竖向投测和标高竖向传递限差

项　　目	内　　容		限差(mm)
竖向投测	每　　层		3
	总高 H(m)	$H \leqslant 30$	5
		$30 < H \leqslant 60$	10
		$60 < H \leqslant 90$	15
		$90 < H \leqslant 120$	20
		$120 < H \leqslant 150$	25
		$150 < H$	30
标高传递	每　　层		±3
	总高 H(m)	$H \leqslant 30$	±5
		$30 < H \leqslant 60$	±10
		$60 < H \leqslant 90$	±15
		$90 < H \leqslant 120$	±20
		$120 < H \leqslant 150$	±25
		$150 < H$	±30

1) 高层建筑轴线投测

高层建筑轴线投测的方法有外控法和内控法两类。

（1）外控法

当施工场地比较宽阔时，可采用外控法。此法是在建筑物的外部，利用经纬仪根据建筑物轴线控制桩进行轴线的竖向投测。如图 3.2.19 所示，将经纬仪安置在轴线控制桩 A_1、A_1'、B_1 和 B_1' 上，严格对中整平，用望远镜瞄准建筑物底部已标出的轴线 a_1、a_1'、b_1 和 b_1' 点，用盘左和盘右分别向上投测到每层楼板上，并取其中点作为该层轴线的投影点，如图中的 a_2、a_2'、b_2 和 b_2'。精确定出 a_2a_2' 和 b_2b_2' 的交点 O_2，同理依次投测其他轴线。

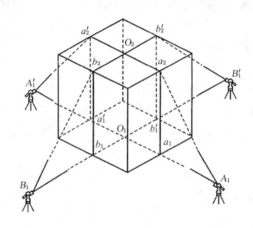

图 3.2.19　经纬仪竖向投测

当楼层较高时，经纬仪投测时的仰角较大，操作不方便，误差也较大，此时应将轴线控制桩用经纬仪引测到远处或附近建筑的房顶上，然后继续往上投测。如图 3.2.20 所示，先在轴线控制桩 A_1 上安置经纬仪，照准建筑物底部的轴线标志，将轴线投测到楼面上 a_{10} 点处，然后在 a_{10} 上安置经纬仪，照准 A_1 点，将轴线投测到附近建筑物屋面上 A_2 点处，以后就可在 A_2 点安置经纬仪，投测更高楼层的轴线。注意，上述投测工作均应采用盘左、盘右取中法进行，以减少投测误差。

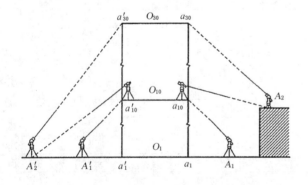

图 3.2.20　经纬仪延长线法竖向投测

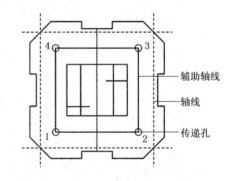

图 3.2.21　轴线控制网

（2）内控法

当周围建筑物密集，施工场地窄小，无法在建筑物以外的轴线上安置经纬仪时，可采用内控法投测。内控法是利用能提供铅直向上或向下视线的专业测量仪器进行竖向投测，常用的测量仪器有垂准经纬仪、激光经纬仪和激光垂准仪等。

应用垂准仪法时需要事先在建筑底层设置轴线控制网，建立稳固的轴线标志，如图 3.2.21 所示。在轴线标志上方每层楼板都预留 30 cm×30 cm 的垂准孔，供视线通过，如图 3.2.22 所示。现以激光垂准仪为例介绍内控法轴线投测。

图 3.2.22 内控法

图 3.2.23 DZJ200 激光垂准仪

投测时，将激光垂准仪安置在首层地面的轴线点标志上，严格对中整平，把激光靶放置在目标楼层垂准孔上，打开电源，使仪器发射激光，接收靶显示的激光光斑中心即为地面控制网轴线点的铅垂投影位置。如图 3.2.23 所示，为苏一光生产的 DZJ200 激光垂准仪。

2）高层建筑高程传递

高层建筑各施工层的标高是由底层±0.000 标高线传递上来的。

（1）用钢尺直接测量

一般用钢尺沿结构外墙、边柱或楼梯间由底层±0.000 标高线向上竖直量取设计高差，即可得到施工层的设计标高线。用这种方法传递高程时，应至少由三处底层标高线向上传递，以便于相互校核。由底层传递到上面同一施工层的几个标高点必须用水准仪进行校核，检查各标高点是否在同一水平面上，其误差应不超过±3 mm。合格后以其平均标高为准，作为该层的地面标高。若建筑高度超过一尺段（30 m 或 50 m），可每隔一个尺段的高度精确测设新的起始标高线，作为继续向上传递高程的依据。

（2）悬吊钢尺法

在外墙或楼梯间悬吊一根钢尺，分别在地面和楼面上安置水准仪，将标高传递到楼面上。用于高层建筑传递高程的钢尺应经过检定，量取高差时尺身应铅直和用规定的拉力，并应进行温度改正。

2.3 工业建筑的施工测量

工业建筑中以厂房为主体,一般工业厂房多采用预制构件,在现场装配的方法施工。厂房的预制构件有柱子、吊车梁和屋架等。工业建筑施工测量的工作主要是保证这些预制构件安装到位。主要包括厂房矩形控制网测设、厂房柱列轴线放样、杯形基础施工测量及厂房预制构件安装测量等。

2.3.1 厂房矩形控制网的测设

对于单一的中小型工业厂房而言,测设一个简单的矩形控制网即可满足施工放样的要求。下面介绍根据建筑方格网,采用直角坐标法测设厂房矩形控制网的方法。

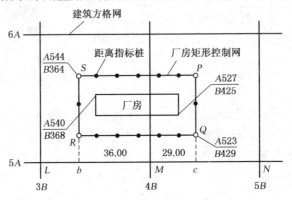

图 3.2.24 矩形方格网

如图 3.2.24 所示,L、M 和 N 点为建筑方格网点,R、Q、P 和 S 为欲测设的厂房矩形控制网角点。从 M 点起沿 ML 方向量取 36 m,定出 b 点;沿 MN 方向量取 29 m,定出 c 点。在 b 与 c 上安置经纬仪,分别瞄准 L 与 M 点,顺时针方向测设 $90°$,得两条视线方向,沿视线方向量取 29 m,定出 R、Q 点。再向前量取 21 m,定出 S、P 点。分别在 R、Q、P 和 S 四点上钉上木桩,做好标志。最后检查控制桩 R、Q、P 和 S 各点的直角是否符合精度要求,一般情况下其误差不得超过 $±10''$,各边长度是否等于设计长度,其误差不得超过 1/10 000。

为了便于进行细部的测设,在测设厂房矩形控制网的同时,还应沿控制网测设距离指标桩,距离指标桩的间距一般等于柱子间距的整倍数。

对于大型或设备复杂的工业厂房,应先测设厂房控制网的主轴线,再根据主轴线测设厂房矩形控制网。其测设步骤与建筑方格网测设相同。

2.3.2 厂房柱列轴线测设

如图 3.2.25 所示,根据厂房平面图上所注的柱间距和跨距尺寸,用钢尺沿矩形控制网各边量出各柱列轴线控制桩的位置,作为柱基测设和施工安装的依据。由于工业厂房桩基础类型较多,尺寸不一,所以柱列轴线不一定是基础中心线。

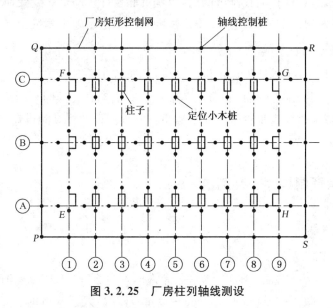

图 3.2.25　厂房柱列轴线测设

2.3.3　厂房基础施工测量

1) 桩基测设

柱基的施工测量测设应以柱列轴线为基础,按各柱基础详图中基础与柱列轴线的关系尺寸进行。

如图 3.2.26 所示,以Ⓐ轴与④轴交点处的基础详图为例,介绍混凝土杯形基础的测设方法。将两台经纬仪分别安置在Ⓐ轴与④轴一端的控制点上,瞄准各自轴线的另一控制桩,交会出的轴线点作为该基础的定位点。在基坑边线外约 1~2 m 处的轴线上打入四个定位小木桩 1、2、3 和 4 点。按照基础详图所注尺寸和基坑放坡宽度 a,用特制角尺,如图 3.2.27 所示,放出基坑开挖边界线,并撒出白灰线以便开挖,

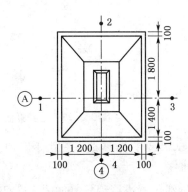

图 3.2.26　基础详图

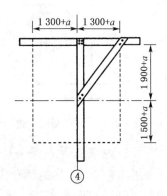

图 3.2.27　角尺

157

2）基坑抄平

当基坑挖到一定深度时，应在基坑四壁，离基坑底设计标高0.5 m处，测设水平桩，作为检查基坑底标高和控制垫层的依据。具体测设步骤见民用建筑施工测量。

3）基础模板的定位

基础垫层打好后，根据基坑周边定位小木桩，用拉线吊垂球的方法，把柱基定位线投测到垫层上，弹出墨线，作为柱基立模板和布置基础钢筋的依据。立模时，将模板底线对准垫层上的定位线，并用垂球检查模板是否垂直。最后将柱基顶面设计标高测设在模板内壁，作为浇灌混凝土的高度依据。

2.3.4 厂房预制构件安装测量

1）柱子安装测量

（1）柱子安装应满足的基本要求

柱子中心线应与相应的柱列轴线一致，其允许偏差为±5 mm。牛腿顶面和柱顶面的实际标高应与设计标高一致，其允许误差为±（5～8 mm），柱高大于5 m时为±8 mm。柱身垂直允许误差为：当柱高≤5 m时，为±5 mm；当柱高为5～10 m时，为±10 mm；当柱高超过10 m时，则为柱高的1/1 000，但不得大于20 mm。

（2）柱子安装前的准备工作

柱子安装前的准备工作有以下几项：

① 在柱基顶面投测柱列轴线。柱基拆模后，用经纬仪根据柱列轴线控制桩，将柱列轴线投测到杯口顶面上，如图3.2.28所示，并弹出墨线，用红漆画出"▶"标志，作为安装柱子时确定轴线的依据。如果柱列轴线不通过柱子的中心线，应在杯形基础顶面上加弹柱中心线。

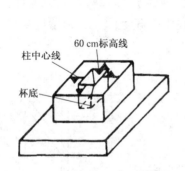

图3.2.28 杯形基础轴线和标高测设

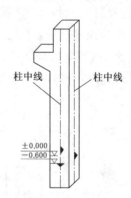

图3.2.29 柱身弹线

用水准仪在杯口内壁测设一条一般为－0.600 m的标高线（一般杯口顶面的标高为－0.500 m），并画出"▼"标志，作为杯底找平的依据。

② 柱身弹线。柱子安装前，应将每根柱子按轴线位置进行编号。如图3.2.29所示，在每根柱子的三个侧面弹出柱中心线，并在每条线的上端和下端近杯口处画出"▶"标志。根据牛

腿面的设计标高,从牛腿面向下用钢尺量出−0.600 m 的标高线,并画出"▼"标志。

③ 杯底找平。先量出柱子的−0.600 m 标高线至柱底面的长度,再在相应的柱基杯口内,量出−0.600 m 标高线至杯底的高度,并进行比较,以确定杯底找平厚度,用水泥砂浆根据找平厚度在杯底进行找平,使牛腿面符合设计高程。

（3）柱子的安装测量

柱子安装测量的目的是保证柱子平面和高程符合设计要求,柱身铅直。

将柱子吊装入杯口后,应使柱子三面的中心线与杯口中心线对齐,用木楔或钢楔临时固定。当柱子立稳后,立即用水准仪检测柱身上的±0.000 m 标高线,其容许误差为±3 mm。如图 3.2.30 所示,用两台经纬仪,分别安置在柱基纵、横轴线上,离柱子的距离不小于柱高的1.5 倍,先用望远镜瞄准柱底的中心线标志,固定照准部后,再缓慢抬高望远镜观察柱子偏离十字丝竖丝的方向,指挥用钢丝绳拉直柱子,直至从两台经纬仪中观测到的柱子中心线都与十字丝竖丝重合为止。在杯口与柱子的缝隙中浇入混凝土,以固定柱子的位置。

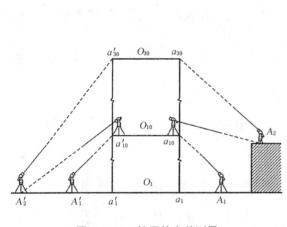

图 3.2.30 柱子的安装测量

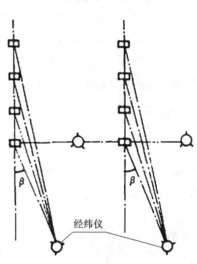

图 3.2.31 柱子的垂直度校正

（4）柱子安装测量的注意事项

所使用的经纬仪必须严格校正,操作时,应使照准部水准管气泡严格居中。校正时,除注意柱子垂直外,还应随时检查柱子中心线是否对准杯口柱列轴线标志,以防柱子安装就位后产生水平位移。在校正变截面的柱子时,经纬仪必须安置在柱列轴线上,以免产生差错。为提高工作效率,在实际安装时,一般是一次把许多柱子都竖起来,然后进行垂直校正。这时,可把两台经纬仪分别安置在纵横轴线的一侧,一次可校正几根柱子,如图 3.2.31 所示,但仪器偏离轴线的角度应在 15°以内。在日照下校正柱子的垂直度时,应考虑日照使柱顶向阴面弯曲的影响,为避免此种影响,宜在早晨或阴天校正。

2）吊车梁安装测量

吊车梁安装测量主要是保证吊车梁中线位置和吊车梁的标高满足设计要求。

（1）吊车梁安装前的准备工作

① 在柱面上量出吊车梁顶面标高。根据柱子上的±0.000 m 标高线,用钢尺沿柱面向上

量出吊车梁顶面设计标高线,作为调整吊车梁面标高的依据。

② 在吊车梁上弹出梁的中心线。如图 3.2.32 所示,在吊车梁的顶面和两端面上,用墨线弹出梁的中心线,作为安装定位的依据。

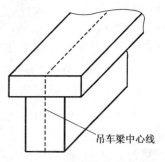

图 3.2.32　吊车梁中心线弹线

③ 在牛腿面上弹出梁的中心线。根据厂房中心线,在牛腿面上投测出吊车梁的中心线,投测方法如下:

如图 3.2.33(a) 所示,利用厂房中心线 OO',根据设计轨道间距,在地面上测设出吊车梁中心线即吊车轨道中心线 $A'A'$ 和 $B'B'$。在吊车梁中心线的一个端点 A'(或 B')上安置经纬仪,瞄准另一个端点 A'(或 B'),固定照准部,抬高望远镜,即可将吊车梁中心线投测到每根柱子的牛腿面上,并用墨线弹出梁的中心线。

(2) 吊车梁的安装测量

在安装时,应使吊车梁两端的梁中心线与牛腿面梁中心线重合,误差不得超过 ±5 mm。当吊车梁初步定位后,采用平行线法,对吊车梁的中心线进行检测,校正方法如下:

① 如图 3.2.33(b) 所示,在地面上,从吊车梁中心线,向厂房中心线方向量出长度 $a(1 \text{ m})$,得到平行线 CC 和 DD。

② 在平行线一端点 C(或 D)上安置经纬仪,瞄准另一端点 C(或 D),固定照准部,抬高望远镜进行测量。

③ 此时,另外一人在梁上移动横放的木尺,当视线正对准尺上一米刻划线时,尺的零点应与梁面上的中心线重合。如不重合,可用撬杠移动吊车梁,使吊车梁中心线到 CC(或 DD)的间距等于 1 m 为止。

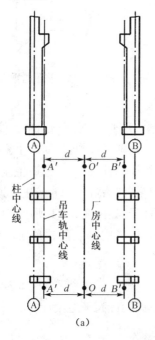

(a)

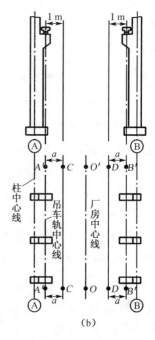

(b)

图 3.2.33　吊车梁安装测量

吊车梁安装就位后,先按柱面上定出的吊车梁设计标高线对吊车梁面进行调整,然后将水准仪安置在吊车梁上,每隔3 m测一点高程,并与设计高程比较,误差应在3 mm以内。

3)屋架安装测量

(1)屋架安装前的准备工作

屋架吊装前,用经纬仪或其他方法在柱顶面上测设出屋架定位轴线。在屋架两端弹出屋架中心线,以便进行定位。

(2)屋架的安装测量

屋架吊装就位时,应使屋架的中心线与柱顶面上的定位轴线对准,允许误差为5 mm。屋架的垂直度可用垂球或经纬仪进行检查。用经纬仪检校方法如下:

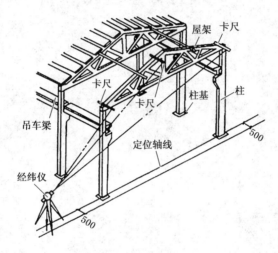

图3.2.34 屋架安装测量

① 如图3.2.34所示,在屋架上安装三把卡尺,一把卡尺安装在屋架上弦中点附近,另外两把分别安装在屋架的两端。自屋架几何中心沿卡尺向外量出一定距离,一般为500 mm,作出标志。

② 在地面上,距屋架中线同样距离处,安置经纬仪,观测三把卡尺的标志是否在同一竖直面内,如果屋架竖向偏差较大,则用机具校正,最后将屋架固定。

垂直度允许偏差:薄腹梁为5 mm;桁架为屋架高的1/250。

思考与讨论

1. 建筑施工场地平面控制网的布设形式有哪几种?

2. 如何测设建筑方格网?

3. 建筑施工场地的高程控制网如何布设?

4. 民用建筑施工测量前的准备工作有哪些?

5. 如何控制基槽开挖的深度?

6. 轴线控制桩的作用是什么?如何设置?

7. 高层建筑施工中,如何控制建筑物的垂直度和传递高程?

8. 如何进行工业厂房柱列轴线的测设？

9. 如何进行厂房柱子的垂直度校正？

10. 如图 3.2.35 所示，为确定建筑基线的主点 A、O、B 点，根据控制网已测设出主点的概略位置 A'、O'、B'，测得 $\angle A'O'B'$ 的值 $\beta = 179°59'36''$，又知 O 至 A 点的距离 $a = 150$ m，O 至 B 点的距离 $b = 200$ m，试计算直线调整量 δ。

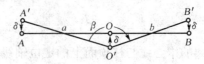

图 3.2.35　主点的测设

项目四
特殊工程施工测量

特殊工程主要指属于地下工程的管道工程。管道的种类繁多,主要有给排水、电信、天然气、输油管道等。在城市建设中,特别是城镇工业区,管道更是上下穿插、纵横交错连接成管道网。为各种管道设计和施工所进行的测量工作统称为管道工程测量,本项目主要包括:管道工程的测量放线;筒仓结构施工测量。

任务 1   管道工程的测量放线

学习目标

- 熟知管道施工测量的内容;
- 具备能正确标定管道中线和绘制断面,能完成管道施工测量的能力。

任务内容

本任务重点介绍了管道主点的测设方法;中桩测设、转向角的测量及里程桩的绘制;管道纵横断面图的测绘;管道施工测量和竣工测量。

1.1   管道中线测量

管道中线测量就是将已确定的管道中线位置测设出来,并用木桩标定。其主要任务是测设管道的主点、中桩测设、管道转向角测量以及里程桩手簿的绘制。

1.1.1   管线主点的测设

管道的起点、转向点、终点等通称为管道的主点,主点的位置及管道方向在设计时已确定。管道主点的测设和房屋建筑定位一样,即确定地面点的平面位置,可以根据精度要求、现场条件及仪器设备,选择不同的方法测设。其主要测设方法有 3 种:图解法、解析法(主要方法)、拨角法。

1）图解法

根据管道设计图纸上主点与相邻地物的相对关系,直接在图上量取主点的数据,并据此进行主点测设的方法为图解法。

如图 4.1.1,A、B 是原有管道检查井位置,1、2、3 点是设计管道的主点。欲在地面上定出1、2、3 等主点,可根据比例尺在图上量出长度 D、a、b、c、d 和 e,即为测设数据。然后,沿原管道 AB 方向,从 B 点量出 D 即得 1 点,用直角坐标法从房角量取 a,并垂直房边量取 b 即得 2点,再量 e 来校核 2 点是否正确,用距离交会法从两个房角同时量出 c、d 交出 3 点。图解法受图解精度的限制,精度不高。当管道中线精度要求不高的情况下,可以采用此方法。

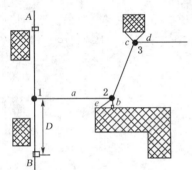

图 4.1.1　图解法测设主点示意图

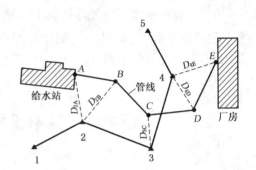

图 4.1.2　解析法测设主点示意图

2）解析法（精度要求较高时用）

当管道规划设计图上已给出管道主点的坐标,而且主点附近又有测量控制点时,可用解析法来采集测设数据。（主要方法）

如图 4.1.2 中,1、2、3、…为测量控制点（如导线点）,A、B、C、…为管道主点。如用极坐标法测设 B 点,则可根据 1、2 和 B 点坐标,按极坐标法计算出测设数据 $\angle 12B$ 和距离 D_{2B}。

测设方法:安置经纬仪于 2 点,后视 1 点,转 $\angle 12B$,得出 2B 方向,在此方向上用钢尺测设距离 D_{2B},即得 B 点。其他主点均可按上述方法进行测设。

如果在拟建管道工程附近没有控制点或控制点不够时,应先在管道附近敷设一条导线,或用交会法加密控制点,然后按上述方法采集测设数据,进行主点的测设工作。在管道中线精度要求较高的情况下,均用解析法测设主点。

3）拨角法

有些管道在转折时,要满足定型弯头的要求采用拨角法。例如给水铸铁管的弯头按其转折角分为 90°、45°、22.5° 等型号。

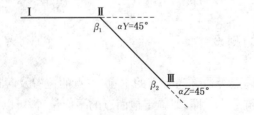

图 4.1.3　拨角法测设主点示意图

如图 4.1.3,设Ⅰ、Ⅱ、Ⅲ为已测设的管道主点,在测设Ⅲ点时,将经纬仪安置在Ⅱ点,后视Ⅰ点,倒镜后拨 45°角沿视线方向丈量距离 D,即可标定出Ⅲ点的位置。拨角法测设管道主点时,应用两个盘位测设角度,距离测设也应往返丈量,以提高测设精度。

管道主点测设是利用上述准备好的数据,采用直角坐标法、极坐标法、角度交会法和距离交会法等将管道主点在现场确定下来。具体测设时,各种方法可独立使用,也可相互配合。

各主点测设完毕后,应检查它们与相邻地物点或测量控制点的关系,以检核主点测设的正确性。主点测设工作的校核方法是:先用主点坐标计算相邻主点间的长度,计算出相邻主点间的距离,然后实地进行量测,看其是否满足工程的精度要求。检核无误后,用木桩标定点位,并做好点之记。

在管道建筑规模不大且无现成地形图可供参考时,也可由工程技术人员现场直接确定主点位置。管道中线测设的精度要求见表 4.1.1。

表 4.1.1 管道中线测设的精度要求

测设内容	点位容许误差	测角容许误差范围
厂房内部管线	7	±1.0
厂区地上和地下管道	30	±1.0
厂区外架空管道	100	±1.0
厂区外地下管道	200	±1.0

1.1.2 中桩测设

为了标定管线的中线位置,测定管线的实际长度和测绘纵横断面,从管道的起点开始,沿中线设置整桩和加桩,这项工作称为中桩测设。这些桩点统称为中线桩,简称中桩。

从起点开始,按规定每隔某一整数设置一桩,这种桩叫整桩。整桩间距为 20 m、30 m 或 50 m,最长不超过 50 m。

在相邻整桩之间线路穿越的重要地物处、重要地物(铁路、公路、桥梁、旧有管道等)及地面坡度变化处(高差大于 0.3 m)都应增设加桩,所以,加桩又分为地物加桩、地形加桩,如图 4.1.4 所示。

为了便于计算,中桩均按起点到该桩的里程进行编号,以表示它们距离管道起点的距离,并用红油漆写在木桩侧面。书写要整齐、美观,字面要朝向管线起始方向,写后要检核。管线中线上的整桩和加桩统称为里程桩。里程桩的编号:表示它们距离管道起点的距离;起点桩号为 0+000,桩号应用红油漆标明在木桩侧面;整桩号:如号 0+150,即此桩离起点 150 m,"+"号前的数为公里数;加桩号:如号 2+182,即表示离起点距离为 2 182 m。

测设中桩时,可用钢尺测设距离,用经纬仪确定量距的方向。若采用拨角法测设主点,也同时测设整桩和加桩。测设出的中桩线,均应在木桩侧面用红油漆标明里程(即:从管道起点沿管道中线到该桩点的距离)。为了保证测设精度,避免测设中桩错误,量距一般用钢尺丈量两次,精度为 1/1 000~1/2 000。

中桩是根据该桩到管线起点的距离来编定里程桩号的。管线不一,其起点也有不同的规定。管道的起点:给水管道以水源为起点,排水管道以下游出水口为起点,煤气、热力等管道以来气方向为起点,电力电讯管道以电源为起点。

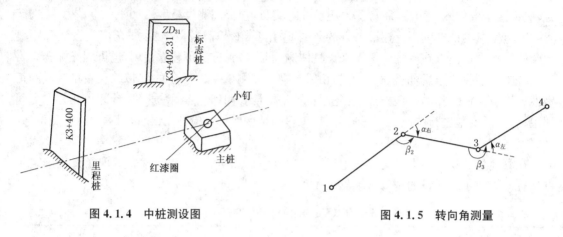

图 4.1.4 中桩测设图 图 4.1.5 转向角测量

1.1.3 转向角测量

转向角是管道改变方向后,改变后的方向与原方向之间的夹角 α,也称偏角。由于管线的转向不同,转向角有左角与右角之分。偏转后的方向位于原来方向右侧时,称为右转向角,用 $\alpha_右$ 表示;偏转后的方向位于原来方向左侧时,称为左转向角,用 $\alpha_左$ 表示。如图 4.1.5 所示,偏角用管线的右角 β 计算:

$$\alpha_右 = 180° - \beta_2$$
$$\alpha_左 = 180° - \beta_3$$

若 α 算得的为正,则为右角 $\alpha_右$;若 α 算得的为负,则为左角 $\alpha_左$。

转向角要满足的要求:如给水管道使用的是铸铁定型弯头时,转向角有 $90°$、$45°$、$22.5°$、$11.25°$、$5.625°$;如排水管道转向角不应大于 $90°$。

1.1.4 绘制里程桩手簿

在中桩测设和转向角测量的同时,应将管线情况标绘在已有的地形图上,如无现成地形图,应将管道两侧带状地区的情况绘制成草图,这种工作称为绘制里程桩手簿(或里程桩图)。里程桩手簿是绘制纵断面图和实际管道中心线的重要参考资料。带状地形图的宽度一般以中线为准左、右各 20 m,如遇建筑物,则需测绘到两侧建筑物,并用统一图示表示。测绘的方法主要用皮尺以距离交会法或直角坐标法为主进行,也可用皮尺配合罗盘仪以极坐标法进行测绘。

绘制时,先在手簿的毫米方格纸上绘出一条粗直线表示管道的中心线并标注出主点和中桩里程。在管线的转折点,用箭头表示出管线转折的方向,并注明转向角的度数,但转折以后的管线仍用原来的直线表示管道中线。如图 4.1.6 所示,图中粗线表示管道的中心线,$0+000$ 处表示管道起点,$0+172.3$ 处为转折点,转向后仍按原方向绘出,但要用箭头表示管

道转向并注明转折角(图中转向角 $\alpha_右 = 30°$),0+076.8 和
0+133.4 是地面坡度变化处的加桩,0+225.8 和 0+235.4 是管
线穿越公路的加桩,其余均为整桩。

　　若已有大比例尺地形图,则此地物和地貌可以直接从地形图
上量取,以减少外业工作量。

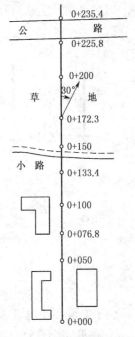

图 4.1.6　管道里程桩草图

1.2　管道纵横断面图测绘

1.2.1　管线渠道纵横断面测量

　　管道纵断面图就是根据水准点的高程,用水准测量的方法测
出中线上各桩的地面点的高程,然后根据里程桩号和测得的相应
的地面高程按一定比例绘制成纵断面图,用以表示管道中线方向
地面高低起伏变化情况,为设计管道埋深、坡度及计算土方量提供
重要依据,其主要工作内容如下:

1)水准点的布设

　　水准点是管道水准测量的控制点,为了保证管道全线高程测量的精度,在纵断面水准测量
之前,应先沿管线设立足够的水准点。

　　(1)一般在管线渠道沿线每隔 1~2 km 设置一永久性水准点,作为全线高程的主要控制
点,中间每隔 300~500 m 设置一临时性水准点,作为纵断面水准测量和施工引测高程的依据。

　　(2)水准点应布设在便于引点,便于长期保存,且在施工范围以外的稳定建(构)筑物上。

　　(3)水准点的高程可用附合(或闭合)水准路线自高一级水准点,按四等水准测量的精度
和要求进行引测。

2)纵断面水准测量

　　纵断面水准测量通常以相邻两水准点为一测段,从一个水准点出发,逐点测量各中桩的高
程,再附合到另一水准点上,进行校核。纵断面水准测量视线可适度放宽,一般采用中桩作为
转点,也可以另设,在两转点间的各桩通称中间点。中间点的高程常用视线高法求取,所以中
间只需一个读数(即中间视),由于转点起传递高程的作用,故转点上读数必须读至毫米,中间
点读数只是为了计算本身高程,可读至厘米。

　　在施测过程中,应同时检查整桩、加桩是否恰当,里程桩是否正确,若有错误、遗漏须进行
补测。

　　(1)纵断面水准测量的施测方法

　　图 4.1.7 是由一水准点 BM 到 0+200 一段中桩纵断面水准测量示意图,其施测方法如下:

　　①安置经纬仪于测站 1,后视读数 1.784,前视 0+00,读数 1.523。

　　②安置经纬仪于测站 2,后视 0+00,读数 1.471,前视 0+100,读数 1.102。

　　③安置经纬仪于测站 3,后视 0+100,读数 2.663,前视 0+200,读数 2.850。

以后各站同上法进行,直到附合到另一个水准点上。

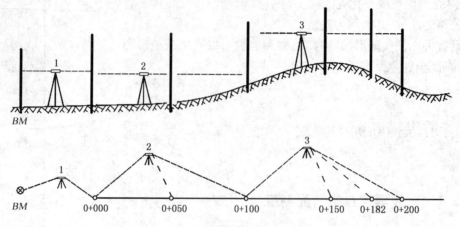

图 4.1.7 纵断面水准测量示意图

(2)纵断面水准测量的计算

为了完成一个测段的纵断面水准测量,要根据观测数据进行如下计算。

① 高差闭合计算。纵断面水准测量从一个水准点附合到另一个水准点上其高差闭合差应小于容许值(无压管道容许值范围为 $\pm 5\sqrt{n}$ mm,一般管道容许值范围为 $\pm 10\sqrt{n}$ mm,其中 n 为测站数),则成果合格。将闭合差反符号平均分配到各站高差上,得各站改正高差,然后计算各前视点高程。

② 每一测站上各项高程计算按以下公式:

$$视线高程 = 后视点高程 + 后视读数$$
$$中桩高程 = 视线高程 - 中视读数$$
$$转点高程 = 视线高程 - 前视读数$$

计算按表 4.1.2 进行。

当管线较短时,纵断面水准测量可与测量水准点的高程一起进行,由已知水准点开始按上述方法测出各中桩的高程后,附合到另一个未知高程的水准点上,再以水准测量的方法(即不测中间点)返测到已知水准点。若往返闭合差在限差内,取高差算术平均数推算未知水准点的高程。

表 4.1.2 纵断面水准测量记录手簿

测站	测点	水准尺读数(m)			视线高程(m)	高程(m)	备注
		后视	前视	中间视			
	BM_1	1.784			130.526	128.742	水准点
	0+000		1.523			129.003	$BM_1 = 128.742$
	0+000	1.471			130.474	129.003	
	0+050			1.32		129.15	

续表 4.1.2

测站	测点	水准尺读数(m)			视线高程 (m)	高程 (m)	备注
		后视	前视	中间视			
	0+100		1.102			129.372	
	0+100	2.663			132.035	129.372	
	0+150			1.43		130.60	
	0+182			1.56		130.48	
	0+200		2.850			129.185	
…	…	…	…	…	…	…	…

3) 纵断面图的绘制

纵断面图是以中桩的里程为横坐标,以各点的地面高程为纵坐标进行绘制,它一般绘制在毫米方格纸上。为了明显地表示地面管线中线方向上的起伏变化,一般高程比例尺比里程比例尺大 10 倍或 20 倍。如果里程比例尺为 1:500,则高程比例尺为 1:50。具体绘制方法如下。

(1) 如图 4.1.8 所示,在毫米方格纸上合理位置绘出水平线(图中水平粗线),水平线以上绘制管道纵断面,水平线以下各栏须注记设计、计算和实测的有关数据。

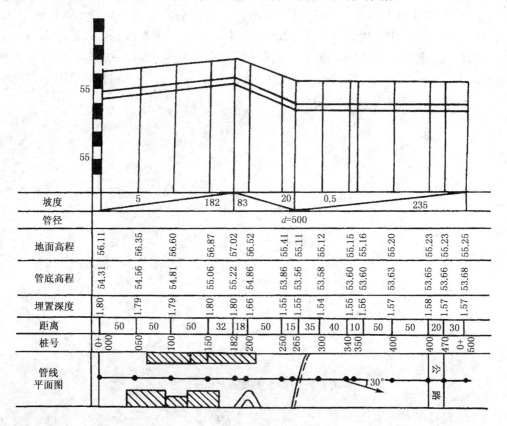

图 4.1.8　纵断面的绘制

（2）根据横向比例尺，在距离、桩号和管道平面图等栏内标出各中桩桩位，在距离栏内注明各相邻间距。根据带状地形图绘制管道平面图，在地面高程栏内填注各桩实测的高程，并凑整到厘米（排水管道技术设计的断面图上高程注记到毫米）。

（3）在水平粗线上部，按纵向比例尺，根据各中桩的实测高程，在相应的垂线上定出各点位置，再用直线连接各相邻点，即得纵断面图。

（4）根据设计坡度，在纵断面上绘出管道的设计坡度线，在坡度栏内注明方向。

（5）计算各中桩的管底高程。管道起点高程一般由设计线给定，管底高程则是根据管道起点高程、设计坡度及各桩的间距逐点推算出来的。

（6）计算各中桩点管道埋深，即地面高程减去管底高程。

除上述基本内容外，还应该把管线与四周相邻管线相接处、交叉处以及交叉的地下构筑物等在图上绘出。

1.2.2 管道横断面图的测量

管道横断面图是用来表示垂直于管线方向上一定距离内的地面起伏变化情况，是施工时确定开挖边界线和土方估算的依据。在中线各整桩和加桩处，垂直于中线的方向，测出两侧地形变化点至管线渠道中线的距离和高差，依此绘制的断面图，称为管道横断面图。距离和高差的测量方法可用标杆皮尺法、水准仪皮尺法、经纬仪视距法等。

横断面图的施测宽度一般是由管道埋深和管道直径来确定的。一般要求每侧为 15～30 m。施测时，用十字定向架定出横断面方向（见图 4.1.9），用木桩或测钎插入地上作为地面特征，用木桩或测钎插入地上作为地面特征点标志。各特征点的高程一般与纵断面水准测量同时进行，这些点通常被当成中间点看待进行测量。现以图 4.1.7 中测站 3 为例，说明 0＋200 横断面水准测量的方法。

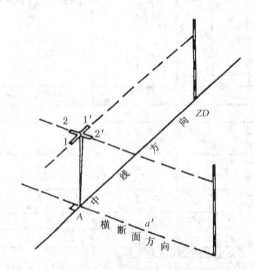

图 4.1.9 十字定向架确定横断面方向

水准仪安置在测站 3 上，后视 0＋100，读数 2.663，前视 0＋200，读数 2.850，此时仪器视线高程为 132.035，再逐点测出 0＋200 的距离，记入表 4.1.3，如"左 9"表示此点在管道中线左侧,距中线 9 m;仪器视线高程减去各点中间视,即得各特征点高程。

表 4.1.3 横断面水准测量记录手簿

测站	桩号	水准尺读数			仪器视线高程	高程	备注
		后视	前视	中间视			
3	0+100	2.663			132.035	129.372	
	左9			1.43		130.605	
	左20			1.56		130.475	
	右20			2.97		129.065	
	0+200		2.850			129.185	

　　绘制横断面图时,均以各中桩为坐标原点,以水平距离为横坐标,以各特征点高程为纵坐标,将各地面特征点绘在毫米方格纸上。为了方便计算横断面面积和确定开挖边界线,横断面图的距离和高差采用相同的比例尺,通常为 1:100 或 1:200。

　　根据实际工程要求,依据横断面测量得到的各点间的平距和高差,在毫米方格纸上绘出各中线桩的横断面图。先在适当的位置标出中桩,注明桩号。然后,由中桩开始,按规定的比例分左、右两侧按测定的距离和高程,逐一展绘出各地形变化点,用直线把相邻点连接起来,即绘出管道的横断面图,如图 4.1.10 所示。

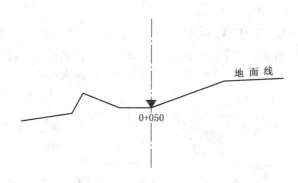

图 4.1.10 横断面图的绘制

　　由于管道横断面图一般精度要求不高,为了方便起见,可利用大比例尺地形图绘制。如果管线两侧地势平缓且管槽开挖不宽,则横断面测量可以不必进行,计算土方量时,中桩高程认为与横断面上地面高程一致。

1.3　管道施工测量

　　管道施工测量的内容与施工管道设置状态的不同有关。架空管道施工时,要测设管道中线、支架基础平面位置及标高等;地面敷设管道施工测量时,主要测设管道中线及管道坡度等;地下管道施工时,需要测设中线、坡度、检查井位以及开挖沟槽等。现以地下管道全线开挖施工为例说明管道施工测量。

1.3.1 中线检核与测设

管道施工之前,应先熟悉有关图纸和资料,了解现场情况及设计意图。对必要的数据和已知主点位置应认真查对,然后再进行施工测量工作。

管道勘测设计阶段在地面已经标定了管道的中线位置,但是由于时间的变化,主点、中点标志可能移位或丢失,因此施工时必须对中线位置进行检核。如果主点标志移位、丢失或设计变更,则需要重新进行管道主点测设。勘测时中线桩一般比较稀疏,施工时则需要适当加密中线桩。

1.3.2 标定检查井位置

检查井是地下管道工程中的一个组成部分,需要独立施工,因此应标定其位置。标定井位一般用钢尺沿中线逐个进行,并用大木桩加以标记。

1.3.3 测设施工控制桩

管道施工期间,中线上各桩将被挖掉,为了便于恢复中线和检查井的位置,应在施工开挖沟槽外不受施工破坏、引测方便、易于保存的地方设置施工中线控制桩和检查井控制桩。如图 4.1.11 所示,主要控制点可在中线的延长线上设置控制桩。检查井控制桩可在垂直于中线方向两侧各设置一个控制桩或建立与周围固定地物之间的距离关系,使井位可以随时恢复。

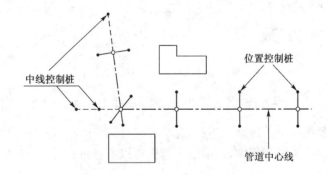

图 4.1.11　管道施工控制桩

1.3.4 槽口放线

管道施工槽口宽度与管径、埋深以及土质情况有关。施工测量前应查看管道横断面设计图,先确定槽底宽度,再确定沟槽口宽度。槽口宽度主要取决于管径、挖掘方式和布设容许偏差等因素,另外还应考虑土质情况和边坡的稳定性。管道的埋深直接根据设计确定。

1.3.5　施工测量标志的设置

管道施工时,为了随时恢复管道中线和检查施工标高,一般在管线上要设置专用标志。当施工管道管径较小、管沟较浅时,可以在管线一侧设置一排平行于管道中线的轴线桩,如图 4.1.12 所示,该轴线桩的测设以不受施工影响和方便测设为准。当施工管道管径较大、管沟较深时,沿管线每隔 10~20 m 应设置跨槽坡度板,坡度板应埋设牢固。根据中线控制桩,用经纬仪将中线投测到坡度板上,并订上小钉作为中线钉,在坡度板侧面注上该中线钉的里程桩号,相邻中线钉的连线即为管道中线方向,然后在其上悬挂垂线,即可将中线位置投测到槽底,用于控制沟槽开挖和管道安装。为了控制沟槽开挖深度,可根据附近水准点,测出各坡度板顶端高程,板顶高程与管底高程之差就是开挖深度。施工过程中,应随时检查槽底是否挖到设计高程,如挖深超过设计高程,绝不允许回填土,只能加高垫层。

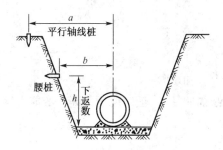

图 4.1.12　管道施工测量标志的设置

1.4　管道竣工测量

管道竣工测量的目的是客观地反映管道施工后的实际位置和尺寸,以便查明与原设计的符合程度。这是检验管道施工质量的重要内容,并为建成后的使用、管理、维修和扩建提供重要的依据。它也是建筑区域规划的必要依据和城市基础地理信息系统的重要组成部分。

管道竣工测量的主要工作是测绘并注记管道种类、管径及管道主点、检查井等,标注其相关高程,提供管道竣工平面图,有时还应测绘管道竣工纵断面图。

由于城市及厂区管线种类很多,往往无法将各种管线都绘制在同一张平面图上,因此也可以分类绘制不同管道的竣工平面图。

管道竣工测量包括管道竣工平面图和管道竣工纵断面图的测绘。竣工平面图主要测绘管道的起点、转折点、终点、检查井及附属构筑物的平面位置和高程,测绘管道与附近重要地物(永久性房屋、道路、高压电线杆等)的位置关系、管道转折点及重要构筑物的坐标等。平面图的测绘宽度依需要而定,一般应至道路两侧第一排建筑物外 20 m,比例尺一般为 1∶500~1∶2 000。管道竣工纵断面图的测绘要在回填土之前进行,用水准测量方法测定管顶的高程和检查井内管底的高程,距离用钢尺丈量。使用全站仪进行管道竣工测量将会提高效率。

管道工程竣工后,为了准确地反映管道的位置,评定施工质量,同时也为了给以后管道的管理、维修和改建提供可靠的依据,必须及时整理并编绘竣工资料和竣工图。由于管道工程多属地下隐蔽工程,竣工测量的时效性很强,应在管道回填土之前进行,以提高工效并保证测量的质量。

对于旧有地下管线没有竣工图而尚需对其测绘时,应尽量收集旧管道资料,再到实地核对,调查清楚后,逐点测量并绘制成图。对确实无法核实的直埋管道,可在图上画虚线示意。进行下井调查时要注意人身安全,防止有毒、易燃、易爆气体及腐蚀液体等的危害,特别是管线的调查应办理相应手续并在相关部门的配合下调查和施测。

任务 2 筒仓结构施工测量

学习目标

- 熟知烟囱的施工测量内容和步骤;
- 具备引测烟囱等筒仓结构的轴线、正确地传递高程的能力。

任务内容

本任务重点介绍了筒仓结构的定位与放线,筒身的施工测量。

筒仓结构建筑物(如烟囱、水塔等)的特点是主体的筒身高度很大,而相对筒身而言它的基础平面尺寸较小,整个主体垂直度由通过基础圆心的中心铅垂线控制,筒身中心线的垂直偏差对其整体稳定性影响很大。因此,筒仓结构施工测量的主要工作是控制筒身中心线的垂直度。

2.1 定位与放线

2.1.1 定位

筒仓结构建筑物的定位就是定出基础中心的位置。定位方法如下(以烟囱为例)。

(1) 按设计坐标与已有控制点或建筑物的尺寸关系,在地面上测设出烟囱的中心位置 O(即中心桩),如图4.2.1所示。

(2) 在 O 点安置经纬仪,任选一点 A 作为后视点,并在视线方向上定出 a 点,倒转望远镜,通过盘左、盘右投点法定出 b 和 B;然后顺时针测设 $90°$,定出 d 和 D;倒转望

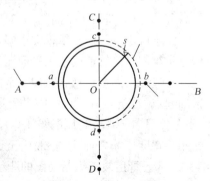

图 4.2.1 定位与放线

远镜,定出 c 和 C,得到两条互相垂直的定位轴线 AB 和 CD。

(3) A、B、C、D 四点至 O 点的距离为烟囱高度的 $1\sim1.5$ 倍。a、b、c、d 是施工定位桩,用于修坡和确定基础中心,应设置在尽量靠近烟囱(筒仓结构)而不影响桩位稳固的地方。

2.1.2　放线

如图 4.2.1 所示,以 O 点为圆心,以筒仓结构底部半径 r 加上基坑放坡宽度 s 为半径,在地面上用皮尺画圆,并撒出灰线,作为基础开挖的边线。

2.2　筒身的施工测量

2.2.1　轴线的引测

在施工中,应随时将中心点引测到施工的作业面上。一般每砌一步架或每升模板一次,就应引测一次中心线,以检核该施工作业面的中心与基础中心是否在同一铅垂线上。引测方法:在施工作业面上固定一根枋子,在枋子中心处悬挂 $8\sim12$ kg 的垂球,逐渐移动枋子,直到垂球对准基础中心为止。此时,枋子中心就是该作业面的中心位置。

此外,每砌完 10 m,必须用经纬仪引测一次中心线。引测方法如下。

(1) 如图 4.2.1 所示,分别在轴线控制桩 A、B、C、D 上安置经纬仪,瞄准相应控制点 a、b、c、d,将轴线点投测到作业面上,并作出标记。

(2) 按标记拉两条细绳,其交点即为烟囱(筒仓结构)的中心位置,并与垂球引测的中心位置比较,以作校核。烟囱(筒仓结构)的中心偏差一般不应超过砌筑高度的 $1/1\,000$。

要求:对于高度不大的筒仓结构,一般每砌一步架或每升模板一次,应用吊垂球的方法引测一次中心线;筒仓结构每砌筑完 10 m,必须用经纬仪引测一次中心线;而对于高度较大的钢筋混凝土筒仓结构,一般模板每滑升一次,应采用激光铅垂仪进行一次铅直定位。

激光铅垂仪引测定位方法:在筒仓结构底部的中心标志上安置激光铅垂仪,在作业面中央安置接收靶。靶上显示的激光光斑中心即其中心位置。

在检查中心线的同时,以引测的中心位置为圆心,以施工作业面上筒仓结构的设计半径为半径,用钢尺画圆,如图 4.2.2 所示,以检查筒仓结构外壁的位置。

2.2.2　筒仓结构外筒壁收坡控制

筒壁的收坡是用靠尺板来控制的。靠尺板的形状如图 4.2.3 所示,靠尺板两侧的斜边应严格按照设计筒壁斜度制作。使用时,把靠尺板的斜边贴在筒体外壁上,若垂线恰好通过下端缺口,说明筒壁收坡符合设计要求。

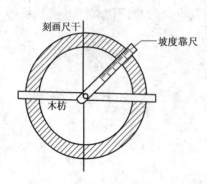

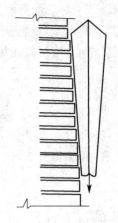

图 4.2.2　筒仓结构外壁位置的检查　　　　图 4.2.3　收坡靠尺板

2.2.3　高程的传递

筒体标高的控制一般是先用水准仪在筒仓结构建筑物底部的外壁上测设出＋0.500 m（或任一整分米数）的标高线,再以此标高线为准,用钢尺直接向上量取高度。

思考与练习

1. 简述管道中线测量的工程程序。
2. 简述管线横断面图的测绘步骤。
3. 管道竣工测量的内容有哪些?
4. 筒仓结构如何定位和控制中线?

项目五
建筑变形测量和竣工总平面图编绘

本项目主要介绍建筑变形测量和竣工总平面图的绘制。建筑变形测量主要包括沉降观测、裂缝观测、位移观测、倾斜观测。

任务1　建筑变形测量

学习目标

- 了解建筑变形观测的作用；
- 掌握沉降观测、裂缝观测、位移观测、倾斜观测的内容和步骤；
- 具备能正确选用仪器进行沉降观测、裂缝观测、位移观测和倾斜观测的能力。

任务内容

本任务主要介绍了沉降观测、裂缝观测、位移观测、倾斜观测的内容和方法；观测成果的整理以及观测点的设置。

建筑物在施工期间和使用初期，由于建筑物基础的地质构造不均匀、土壤的物理性质不同、大气温度变化、地基的塑性变形、地下水位季节性和周期性的变化、建筑物本身的自重、建筑物的结构及外部荷载的作用，都将引起基础及其四周地形变化，而建筑物本身因基础变形及外部荷载与内部应力的作用，也将发生变形。这种变形在一定限度内视为正常现象，但超过了规定的限度，就将危害建筑物的安全。为了建筑物的安全使用，研究变形的原因和规律，以及为建筑物的设计、施工、管理和科学研究提供可靠的资料，在建筑物的施工和运行管理期间，必须进行建筑物的变形观测。

建筑物的变形是指：建筑物在施工或使用阶段，由于本身荷载、地基、施工质量及外力的作用，使建筑物在空间位置或自身形态方面出现的不良变化。建筑物的变形包括建筑物的沉降、倾斜、裂缝和位移。建筑物变形观测的任务是周期性的对设置在建筑物上的观测点进行重复观测，求得观测点位置的变化量。

建筑物变形观测能否达到预定的目的要受很多因素的影响，其中最基本的因素是观测点的布设、观测精度与频率。

表 5.1.1 变形测量的等级及精度要求

变形测量等级	垂直位移测量		水平位移测量	适用范围
	变形点的高程中误差（mm）	相邻变形点的高差中误差（mm）	变形点的点位中误差（mm）	
一级	±0.3	±0.1	±1.5	变形特别敏感的高层、高耸建、构筑物、精密工程设施、地下管线等
二级	±0.5	±0.3	±3.0	变形比较敏感的高层、高耸建、构筑物、重要工程设施、地下管线、隧道拱顶下沉、结构收敛等
三级	±1.0	±0.5	±6.0	一般性高层、高耸构筑物、地下管线等
四级	±2.0	±1.0	±12.0	观测精度要求低的建、构筑物、地下管线等

观测的频率取决于变形值的大小和变形速度以及观测目的。通常要求观测的次数既能反映出变化的过程，又不遗漏变化的时刻。一般在施工过程中观测频率应大些，周期可以是3天、7天、15天等，到了竣工投产以后，频率可小一些，一般有1个月、2个月、3个月、6个月及1年等周期。除了按周期观测以外，在遇到特殊情况时（台风、地震、洪水等灾害影响时），还要进行临时观测。

1.1 沉降观测

建筑物的沉降观测是用水准测量的方法，周期性地观测建筑物上的沉降观测点与水准基点之间的高差变化值，分析这些变化值的变化规律，从而确定建筑物的下沉量及下沉规律。

1.1.1 沉降观测点和水准基点的设置

1）水准基点的布设

水准基点是沉降观测的基准，因此，水准基点的构造和布设必须保证稳定不变和便于长久保存，其布设应满足以下要求：

（1）应具备检核条件。为了便于校核，保证水准基点高程的正确性，每一测区的水准基点不应少于3个。

（2）有足够的稳定性。水准基点必须设置在建筑物或构筑物基础沉降影响范围以外，并且避开交通管线、机械振动区以及容易破坏标石的地方，埋设深度至少应在冰冻线以下0.5 m。

（3）满足一定的观测精度。水准基点和沉降观测点之间的距离应适中，相距太远会影响观测精度，一般应在20～100 m范围内。

城市地区的沉降观测水准基点可用二等水准与城市水准点连测,也可以采用假定高程。

2）沉降观测点的布设

进行沉降观测的建筑物,应埋设沉降观测点,观测点的布设应结合地质情况以及建筑结构特点确定,并应满足以下要求:

（1）沉降观测点应布设在能全面反映建筑物的沉降情况的部位,如建筑物的四角点、中点、转角处,沉降缝两侧,荷载有变化的部位,大型设备基础,柱子基础和地质条件变化处。

（2）一般沉降观测点是均匀布置的,它们之间的距离一般为 10～20 m。

（3）宽度大于等于 15 m 的建筑物,在其内部有承重隔墙和支柱时,应尽可能布设观测点。

（4）沉降观测点的布设形式,如图 5.1.1 所示。

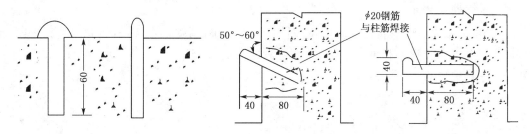

图 5.1.1　沉降观测点的设置形式

1.1.2　沉降观测

1）观测周期

沉降观测的频率应根据工程的性质、施工进度、地基地质情况及基础荷载的变化情况而决定。

（1）当埋设的沉降观测点稳固后,在建筑物主体开工前,进行第一次观测。

（2）在建(构)筑物主体施工过程中,一般每建 1～2 层观测一次。如中途停工时间较长,应在停工时和复工时各观测一次。停工期间,可每隔 2～3 个月观测一次。

（3）当出现大量沉降、不均匀沉降或严重裂缝时,应立即进行逐日或几天一次的连续观测。

（4）建筑物竣工后,应视地基土类型和沉降速度大小来确定观测周期。开始可隔 1～2 月观测一次,以每次沉降量在 5～10 mm 为限。否则要增加观测次数。以后随着沉降量的减少,再逐渐延长观测周期,直至沉降稳定为止。

2）沉降观测方法

沉降观测的水准路线,即从一个水准基点到另一个水准基点,应形成闭合线路。观测时先后视水准基点,接着依次前视各沉降观测点,最后再次后视该水准基点,两次后视读数之差不应超过±1 mm。

3）精度要求

沉降观测的精度应根据建筑物的性质决定。

（1）对中、小厂房和多层建筑物的沉降观测，可采用 DS_3 水准仪，用普通水准测量的方法进行观测，其水准路线的闭合差不应超过 $\pm 2.0\sqrt{n}$ mm（n 为测站数）。

（2）对大型厂房和高层建筑物的沉降观测，应采用 DS_1 精密水准仪，用二等水准测量的方法进行观测，其水准路线的闭合差不应超过 $\pm 1.0\sqrt{n}$ mm（n 为测站数）。

为了提高观测精度，观测中可采用"三固定"的办法，即固定人员，固定仪器，固定施测路线、镜位与转点。

1.1.3　沉降观测的成果整理

1）整理原始记录

每次观测结束后应检查记录的数据和计算是否正确，精度是否合格，然后调整高差闭合差，推算出各沉降观测点的高程，并填入"沉降观测记录表"中。

2）计算沉降量

计算内容和方法如下：

（1）计算各沉降观测点的本次沉降量

沉降观测点的本次沉降量 ＝ 本次观测所得的高程－上次观测所得的高程

（2）计算累积沉降量

累积沉降量 ＝ 本次沉降量＋上次累积沉降量

将计算出的沉降观测点本次沉降量、累积沉降量和观测日期、荷载情况等记入"沉降观测记录表"中，如表 5.1.2 所示。

1.1.4　绘制沉降曲线

为了更好地反映每个沉降观测点随时间和荷载的增加，观测点沉降量的变化，并进一步估计沉降发展的趋势以及沉降过程是否渐趋稳定或者已经稳定，还要绘制时间 t 与沉降量 s 的关系曲线和时间 t 与荷载 p 的关系曲线。

1）绘制时间 t 与沉降量 s 的关系曲线

首先，以沉降量 s 为纵轴，以时间 t 为横轴，组成直角坐标系。然后，以每次累积沉降量为纵坐标，以每次观测日期为横坐标，标出沉降观测点的位置。最后，用曲线将标出的各点连接起来，并在曲线的一端注明沉降观测点号码，这样就绘制出了如图 5.1.2 所示的时间与沉降量关系曲线。

2）绘制时间与荷载关系曲线

首先，以荷载 p 为纵轴，以时间 t 为横轴，组成直角坐标系。再根据每次观测时间和相应的荷载标出各点，将各点连接起来，即可绘制出时间与荷载关系曲线，如图 5.1.2 所示。

表 5.1.2　沉降观测记录表

观测时间		各观测点的沉降情况							施工进展情况	荷载情况（t/m²）
		1			2			···		
		高程（m）	本次下沉（mm）	累积下沉（mm）	高程（m）	本次下沉（mm）	累积下沉（mm）	···		
1	1 998.02.10	40.354	0	0	40.373	0	0	···	上一层楼板	
2	03.22	40.350	−4	−4	40.368	−5	−5	···	上三层楼板	45
3	04.17	40.345	−5	−9	40.365	−3	−8	···	上五层楼板	65
4	05.12	40.341	−4	−13	40.361	−4	−12	···	上七层楼板	75
5	06.06	40.338	−3	−16	40.357	−4	−16	···	上九层楼板	85
6	07.31	40.334	−4	−20	40.352	−5	−21	···	主体完	115
7	09.30	40.331	−3	−23	40.348	−4	−25	···	竣工	
8	12.06	40.329	−2	−25	40.347	−1	−26	···	使用	
9	1 999.02.16	40.327	−2	−27	40.346	−1	−27	···		
10	05.10	40.326	−1	−28	40.344	−2	−29	···		
11	08.12	40.325	−1	−29	40.343	−1	−30	···		
12	12.20	40.325	0	−29	40.343	0	−30	···		

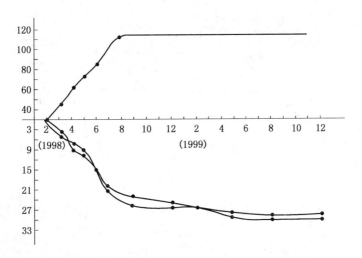

图 5.1.2　沉降曲线

1.2 裂缝观测

裂缝是在建筑物不均匀沉降情况下产生不容许应力及变形的结果。当建筑物发现裂缝时,应立即进行裂缝变化的观测。

1.2.1 裂缝观测的内容

裂缝观测应测定建筑物上的裂缝分布位置,裂缝的走向、长度、宽度及其变化程度。观测的裂缝数量视需要而定,主要的或变化大的裂缝应进行观测。

1.2.2 裂缝观测点的布设

对需要观测的裂缝应统一进行编号。每条裂缝至少应布设两组观测标志,一组在裂缝最宽处,另一组在裂缝末端。每组标志由裂缝两侧各一个标志组成。

裂缝观测标志,应具有可供量测的明晰端面或中心,如图5.1.3所示。观测期较长时,可采用镶嵌或埋入墙面的金属标志、金属杆标志或楔形板标志;观测期较短或要求不高时可采用油漆平行线标志或用建筑胶粘贴的金属片标志。要求较高、需要测出裂缝纵横向变化值时,可采用坐标方格网板标志。使用专用仪器设备观测的标志,可按具体要求另行设计。

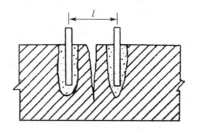

图5.1.3 裂缝观测标志

1.2.3 裂缝观测方法

对于数量不多,易于量测的裂缝,可视标志形式不同,用比例尺、小钢尺或游标卡尺等工具定期量出标志间距离求得裂缝变位值,或用方格网板定期读取"坐标差"计算裂缝变化值;对于较大面积且不便于人工量测的众多裂缝宜采用近景摄影测量方法;当需连续监测裂缝变化时,还可采用测缝计或传感器自动测记方法观测。

裂缝观测中,裂缝宽度数据应量取至0.1 mm,每次观测应绘出裂缝的位置、形态和尺寸,注明日期,附必要的照片资料。

1.2.4　裂缝观测的周期

裂缝观测的周期应视裂缝变化速度而定。通常开始可 15 天测一次,以后 1 个月左右测一次。当发现裂缝加大时,应增加观测次数,直至几天或逐日一次的连续观测。

1.2.5　提交成果

裂缝观测应提交的成果包括以下几项:
(1) 裂缝分布位置图。
(2) 裂缝观测成果表。
(3) 观测成果分析说明资料。
(4) 当建筑物裂缝和基础沉降同时观测时,可选择典型剖面绘制两者的关系曲线。

1.3　位移观测

1.3.1　水平位移观测的内容

建筑物水平位移观测包括位于特殊性土地区的建筑物地基基础水平位移观测、受高层建筑基础施工影响的建筑物及工程设施水平位移观测以及挡土墙、大面积堆载等工程中所需的地基土深层侧向位移观测等,应测定在规定平面位置上随时间变化的位移量和位移速度。

1.3.2　观测措施

1) 仪器

尽可能采用先进的精密仪器。

2) 采用强制对中

设置强制对中固定观测墩(见图 5.1.4),使仪器强制对中,即对中误差为零。目前一般采用钢筋混凝土结构的观测墩。观测墩各部分有关尺寸可参考图 5.1.4,观测墩底座部分要求直接浇筑在基岩上,以确保其稳定性。并在观测墩顶面常埋设固定的强制对中装置,该装置能使仪器及觇牌的偏心误差小于 0.1 mm。满足这一精度要求的强制对中装置式样很多,有采用圆锥、圆球插入式的,有埋设中心螺杆的,也有采用置中圆盘的(见图 5.1.5)。置中圆盘的优点是适用于多种仪器,对仪器没有损伤,但加工精度要求较高。

3) 照准觇牌

目标点应设置成(平面形状的)觇牌,觇牌图案应自行设计。视准线法的主要误差来源是照准误差,研究觇牌形状、尺寸及颜色对于提高视准线法的观测精度具有重要意义。

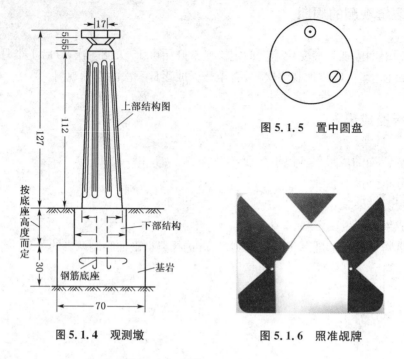

图 5.1.4　观测墩

图 5.1.5　置中圆盘

图 5.1.6　照准觇牌

一般来说,觇牌设计应考虑以下五个方面:

(1) 反差大。

(2) 没有相位差。

(3) 图案应对称。

(4) 应有适当的参考面积。

(5) 便于安置。

图 5.1.6 为一个觇牌设计图案,观测时,觇牌也应该强制对中。

1.3.3　基准点和观测点的布设

1) 基准点的设置

(1) 对于建筑物地基基础及场地的位移观测,宜按两个层次布设,即由控制点组成控制网、由观测点及所联测的控制点组成扩展网;对于单个建筑物上部或构件的位移观测,可将控制点连同观测点按单一层次布设。

(2) 控制网可采用测角网、测边网、边角网或导线网,扩展网和单一层次布网可采用测角交会、测边交会、边角交会、基准线或附合导线等形式。各种布网均应考虑网形强度,长短边不宜差距过大。

(3) 基准点(包括控制网的基线、单独设置的基准点)、工作基点(包括控制网中的工作基点、基准线端点、导线端点、交会法的测站点等)以及联系点、检核点和定向点,应根据不同布网方式与构形,按《建筑变形测量规程》中的有关规定进行选设。每一测区的基准点不应少于 2

个,每一测区的工作基点也不应少于 2 个。

(4) 对特级、一级、二级及有需要的三级位移观测的控制点,应建造观测墩或埋设专门观测标石,并应根据使用仪器和照准标志的类型,顾及观测精度要求,配合强制对中装置。强制对中装置的对中误差最大不应超过±0.1 mm。

(5) 照准标志应具有明显的几何中心或轴线,并应符合图像反差大、图案对称、相位差小和本身不变形等要求。根据点位不同情况可选用重力平衡球式标、旋入式杆状标、直插式觇牌、屋顶标和墙上标等形式的标志。

(6) 对用作基准点的深埋式标志,兼作高程控制的标石和标志以及特殊土地区域或有特殊要求的标石、标志及其埋设应另行设计。

2)观测点的设置

(1) 水平位移观测点位的选设

观测点的位置,对建筑物应选在墙角、柱基及裂缝两边等处;地下管线应选在端点、转角点及必要的中间部位;护坡工程应按待测坡面成排布点;测定深层侧向位移的点位与数量,应按工程需要确定。控制点的点位应根据观测点的分布情况来确定。

(2) 水平位移观测点的标志和标石设置

建筑物上的观测点,可采用墙上或基础标志;土体上的观测点,可采用混凝土标志;地下管线的观测点,应采用窨井式标志。各种标志的形式及埋设,应根据点位条件和观测要求设计确定。

控制点的标石、标志,应按《建筑变形测量规程》中的规定采用。对于如膨胀土等特殊性土地区的固定基点,亦可采用深埋钻孔桩标石,但须用套管桩与周围土体隔开。

1.3.4　位移观测的方法

水平位移观测的主要方法有前方交会法、精密导线测量法、基准线法等,而基准线法又包括视准线法(测小角法和活动觇牌法)、激光准直法、引张线法等。水平位移的观测方法可根据需要与现场条件选用,见表 5.1.3。

表 5.1.3　水平位移观测方法的选用

具体情况或要求	方法选用
测量地面观测点在特定方向的位移	基准线法(包括视准线法、激光准直法、引张线法等)
测量观测点任意方向位移	可视观测点的分布情况,采用前方交会法或方向差交会法、精密导线测量法或近景摄影测量等方法
对于观测内容较多的大测区或观测点远离稳定地区的测区	宜采用三角、三边、边角测量与基准线法相结合的综合测量方法
测量土体内部侧向位移	可采用测斜仪观测方法

1.3.5　提交成果

观测工作结束后,应提交下列成果:

(1)水平位移观测点位布置图。

(2)观测成果表。

(3)水平位移曲线图。

(4)地基土深层侧向位移图(视需要提交)。

(5)当基础的水平位移与沉降同时观测时,可选择典型剖面,绘制两者的关系曲线。

(6)观测成果分析资料。

1.3.6　观测周期

水平位移观测的周期,对于不良地基土地区的观测,可与一并进行的沉降观测协调考虑确定;对于受基础施工影响的位移观测,应按施工进度的需要确定,可逐日或隔数日观测一次,直至施工结束;对于土体内部侧向位移观测,应视变形情况和工程进展而定。

1.4　倾斜观测

建筑物产生倾斜的原因主要是地基承载力的不均匀、建筑物体型复杂形成不同荷载及受外力风荷、地震等影响引起建筑物基础的不均匀沉降。用测量仪器来测定建筑物的基础和主体结构倾斜变化的工作,称为倾斜观测。

1.4.1　一般建筑物主体的倾斜观测

建筑物主体的倾斜观测,应测定建筑物顶部观测点相对于底部观测点的偏移值,再根据建筑物的高度,计算建筑物主体的倾斜度,即

$$i' = \tan\alpha = \frac{\Delta D}{H} \tag{5.1-1}$$

式中: i' ——建筑物主体的倾斜度;

　　ΔD ——建筑物顶部观测点相对于底部观测点的偏移值(m);

　　H ——建筑物的高度(m);

　　α ——倾斜角(°)。

由式(5.1-1)可知,倾斜测量主要是测定建筑物主体的偏移值 ΔD 。偏移值 ΔD 的测定一般采用经纬仪投影法。具体观测方法如下:

(1)如图 5.1.7 所示,将经纬仪安置在固定测站上,该测站到建筑物的距离为建筑物高度

的 1.5 倍以上。瞄准建筑物 X 墙面上部的观测点 M,用盘左、盘右分中投点法,定出下部的观测点 N。用同样的方法,在与墙面垂直的 Y 墙面上定出上观测点 P 和下观测点 Q。M、N、P、Q 即为所设观测标志。

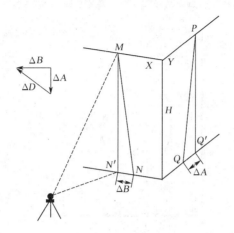

图 5.1.7 一般建筑物的倾斜观测

(2) 相隔一段时间后,在原固定测站上,安置经纬仪,分别瞄准上观测点 M 和 P,用盘左、盘右分中投点法,得到 N' 和 Q'。如果 N 与 N'、Q 与 Q' 不重合,说明建筑物发生了倾斜。

(3) 用尺子量出在 X、Y 墙面的偏移值 ΔA、ΔB,然后用矢量相加的方法,计算出该建筑物的总偏移值 ΔD,即

$$\Delta D = \sqrt{\Delta A^2 + \Delta B^2} \tag{5.1-2}$$

根据总偏移值 ΔD 和建筑物的高度 H 用式(5.1-1)即可计算出其倾斜度 i'。

1.4.2 圆形建(构)筑物主体的倾斜观测

对圆形建(构)筑物的倾斜观测,是在互相垂直的两个方向上,测定其顶部中心对底部中心的偏移值。具体观测方法如下:

(1) 如图 5.1.8 所示,在烟囱底部横放一根标尺,在标尺中垂线方向上安置经纬仪,经纬仪到烟囱的距离为烟囱高度的 1.5 倍。

(2) 用望远镜将烟囱顶部边缘两点 A、A' 及底部边缘两点 B、B' 分别投到标尺上,得读数为 y_1、y_1' 及 y_2、y_2'。烟囱顶部中心 O 对底部中心 O' 在 y 方向上的偏移值 Δy 为

$$\Delta y = \frac{y_1 + y_1'}{2} - \frac{y_2 + y_2'}{2} \tag{5.1-3}$$

(3) 用同样的方法,可测得在 x 方向上,顶部中心 O 的偏移值 Δx 为

$$\Delta x = \frac{x_1 + x_1'}{2} - \frac{x_2 + x_2'}{2} \tag{5.1-4}$$

(4) 用矢量相加的方法,计算出顶部中心 O 对底部中心 O' 的总偏移值 ΔD,即

$$\Delta D = \sqrt{\Delta x^2 + \Delta y^2} \tag{5.1-5}$$

根据总偏移值 ΔD 和圆形建(构)筑物的高度 H 即可计算出其倾斜度 i'。另外,亦可采用激光铅垂仪或悬吊垂球的方法,直接测定建(构)筑物的倾斜量。

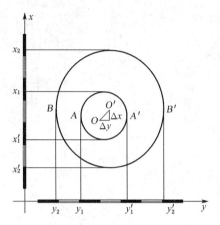

图 5.1.8　圆形建(构)筑物的倾斜观测

1.4.3　建筑物基础倾斜观测

建筑物的基础倾斜观测一般采用精密水准测量的方法,定期测出基础两端点的沉降量差值 Δh,再根据两点间的距离 L,即可计算出基础的倾斜度

$$i' = \frac{\Delta h}{L} \tag{5.1-6}$$

对整体刚度较好的建筑物的倾斜观测,亦可采用基础沉降量差值,推算主体偏移值。如图 5.1.10 所示,用精密水准测量测定建筑物基础两端点的沉降量差值 Δh,再根据建筑物的宽度 L 和高度 H,推算出该建筑物主体的偏移值 ΔD,即

$$\Delta D = \frac{\Delta h}{L} H \tag{5.1-7}$$

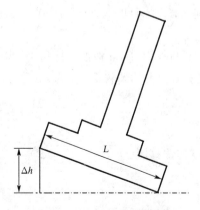

图 5.1.9　基础倾斜观测

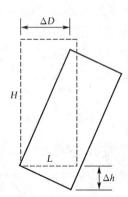

图 5.1.10　基础倾斜观测测定建筑物的偏移值

任务 2　建筑竣工总平面图编绘

学习目标

- 熟知建筑竣工总平面图的编绘内容；
- 具备能正确绘制建筑竣工总平面图的能力。

任务内容

本任务重点介绍了竣工测量以及竣工总平面图的编绘。

工业与民用建筑工程是根据设计总平面图施工的。由于建筑施工过程中的设计变更、施工误差和建筑物变形等种种原因，使建(构)筑物竣工后的位置与原设计位置不完全一致。为了全面反映竣工后的现状，为工程验收及以后建(构)筑物的管理、维修、扩建、改建及事故处理提供依据，必须进行建筑竣工测量和编绘竣工总平面图的工作。

竣工总平面图应包括坐标系统、竣工建(构)筑物的位置和周围地形、主要地物的解析数据，此外，还应附有必要的验收数据、说明、变更设计书及有关附图等资料。竣工总平面图的编绘包括竣工测量和资料编绘两方面内容。

2.1　竣工测量

建(构)筑物竣工验收时进行的测量工作，称为竣工测量。

在每一个单项工程完成后，必须由施工单位进行竣工测量，并提出该工程的竣工测量成果，作为编绘竣工总平面图的依据。

2.1.1　竣工测量的内容

1) 工业厂房及一般建筑物

测定各房角坐标、几何尺寸，各种管线进出口的位置和高程，室内地坪及房角标高，并附注房屋结构层数、面积和竣工时间等。

2) 地下管线

测定检修井、转折点、起终点的坐标，井盖、井底、沟槽和管顶等的高程，附注管道及检修井的编号、名称、管径、管材、间距、坡度和流向。

3) 架空管线

测定转折点、结点、交叉点和支点的坐标，支架间距、基础面标高等。

4）交通线路

测定线路起终点、转折点和交叉点的坐标，曲线元素，路面、人行道、绿化带界线等。

5）特种构筑物

测定沉淀池、烟囱等及其附属构筑物的外形和四角坐标、圆形构筑物的中心坐标，基础面标高、沉淀池深度和烟囱高度等。

6）室外场地

测定围墙拐角点坐标、绿化地边界等。

2.1.2 竣工测量的方法与特点

竣工测量的基本测量方法与地形测量相似，区别在于以下几点：

（1）一般竣工测量图根控制点的密度，要大于地形测量图根控制点的密度。

（2）地形测量一般采用视距测量的方法，测定碎部点的平面位置和高程；而竣工测量一般采用经纬仪测角、钢尺量距的极坐标法测定碎部点的平面位置，采用水准仪或经纬仪测定碎部点的高程；也可用全站仪进行测绘。

（3）竣工测量的测量精度，要高于地形测量的精度。地形测量的精度要求满足图解精度，而竣工测量的精度一般要满足解析精度，应精确至厘米。

（4）竣工测量的内容比地形测量的内容更丰富。竣工测量不仅测地面的地物和地貌，还要测地下各种隐蔽工程，如上、下水及热力管线等。

2.2 竣工总平面图的编绘

编绘竣工总平面图时，采用的比例尺一般为 1∶1 000，如不能清楚地表示某些特别密集的地区，也可局部采用 1∶500 的比例尺。

2.2.1 编绘竣工总平面图的依据

（1）设计总平面图，单位工程平面图，纵、横断面图，施工图及施工说明。

（2）施工放样成果、施工检查成果及竣工测量成果。

（3）更改设计的图纸、数据、资料（包括设计变更通知单）。

2.2.2 竣工总平面图的编绘方法

1）在图纸上绘制坐标方格网

绘制坐标方格网的方法、精度要求，与地形测量绘制坐标方格网的方法、精度要求相同。

2）展绘控制点

坐标方格网画好后,将施工控制点按坐标值展绘在图纸上。展点对所临近的方格而言,其容许误差为±0.3 mm。

3）展绘设计总平面图

根据坐标方格网,将设计总平面图的图面内容按其设计坐标,用铅笔展绘于图纸上,作为底图。

4）展绘竣工总平面图

对凡按设计坐标进行定位的工程,应以测量定位资料为依据,按设计坐标(或相对尺寸)和标高展绘。对原设计进行变更的工程,应根据设计变更资料展绘。对有竣工测量资料的工程,若竣工测量成果与设计值之差,不超过所规定的定位容许误差时,按设计值展绘;否则,按竣工测量资料展绘。

2.2.3　竣工总平面图的整饰

(1)竣工总平面图的符号应与原设计图的符号一致。有关地形图的图例应使用国家地形图图示符号。

(2)对于厂房应使用黑色墨线绘出该工程的竣工位置,并应在图上注明工程名称、坐标、高程及有关说明。

(3)对于各种地上、地下管线,应用各种不同颜色的墨线,绘出其中心位置并在图上注明转折点及井位的坐标、高程及有关说明。

(4)对于没有进行设计变更的工程,用墨线绘出的竣工位置,与按设计原图用铅笔绘出的设计位置应重合,但其坐标及高程数据与设计值比较可能稍有出入。

随着工程的进展,逐渐在底图上,将铅笔线都绘成墨线。

2.2.4　实测竣工总平面图

对于直接在现场指定位置进行施工的工程、以固定地物定位施工的工程及多次变更设计而无法查对的工程等,只好进行现场实测,这样测绘出的竣工总平面图,称为实测竣工总平面图。竣工总平面图编绘完成后,应经原设计及施工单位技术负责人审核、会签。

思考与练习

1. 为什么要对建筑物进行变形观测?变形观测有哪些项目?如何分析变形观测的资料?

2. 为什么对建筑物进行沉降观测?其特点是什么?

3. 简单介绍建筑物倾斜观测、位移观测的方法。

4. 裂缝观测的工作过程是怎样的?

5. 简述编绘竣工图的意义并简要说明编绘的过程。

项目六
全站仪及全球导航卫星系统（GNSS）

任务1 全站仪的使用

学习目标

- 熟知全站仪的构造、基本功能；
- 具备使用全站仪进行测量的技能；
- 具备运用已有技能，拓展全站仪其他测量技能的能力。

任务内容

本任务简要介绍了全站仪的基本构造、基本功能，并以 GTS720 系列全站仪和苏光 OTS 系列全站仪为例说明全站仪的特点，最后是全站仪的测量工作。

全站仪（全站型电子速测仪）是集测角、测距等多功能于一体的电子测量仪器，能在一个测站上同时完成角度和距离测量，适时根据测量员的要求显示测点的平面坐标、高程等数据。全站仪一次观测可获得水平角、竖直角和倾斜距离三种基本数据，全站仪具有较强的计算功能和较大容量的储存功能，可安装各种专业测量软件。在测量时，仪器可以自动完成平距、高差、坐标增量计算和其他专业需要的数据计算，并显示在显示屏上。也可配合电子记录手簿，可以实现自动记录、存储、输出测量成果，使测量工作大为简化，实现全野外数字化测量。

1.1 全站仪的基本构造

全站仪基本构造框图如图 6.1.1 所示。全站仪主要由电子经纬仪、光电测距仪和内置微处理器组成。从结构上看，全站仪可分为"组合式"和"整体式"两类。"组合式"全站仪是将电子经纬仪、光电测距仪和微处理器通过一定的连接器构成一体，可分可合，故亦称"半站仪"，这是早期的过渡产品，目前市面上很难买到了。"整体式"全站仪则是在一个仪器外壳内包含了电子经纬仪、光电测距仪和微处理器，而且电子经纬仪与光电测距仪共用一个望远镜，仪器各部分构成一个整体，不能分离。随着信息产业技术的发展，全站仪已向智能化、自动化、功能集成化方向发展。

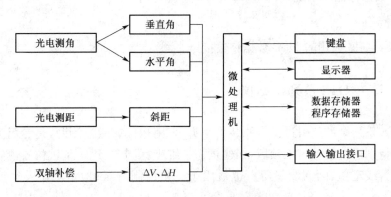

图 6.1.1　全站仪基本构造框图

全站仪除了在外观上具有与电子经纬仪、光电测距仪的相似特征外，还必须有各种通信接口，如 USB 接口或六针圆形孔 RS-232 接口或掌上电脑（PDA）接口等。全站仪在获得观测数据之后，可通过这些通信接口与电脑相连，在相应的专业测绘软件支持下，才能真正实现数字化测量。

全站仪种类和型号众多，原理、构造和功能基本相似。下面介绍两种国内主流全站仪。

1.1.1　GTS720 系列全站仪

GTS720 系列全站仪是拓普康公司推出的世界首创彩屏 Win CE 智能全站仪，测量作业更高效、更舒适。统一的 Win CE 系统平台，使应用程序开发更简单。

1）彩色显示屏

配备 64 K 彩色触摸屏，测量作业采用人机对话方式。

2）中文显示

仪器全部简体中文显示。

3）应用软件

预装功能强大的 TopSURV 测量应用软件包。

标准测量程序	道路定线设计
标准放样程序	道路放样程序
偏心测量程序	横断面设计
CoGo 计算程序	边坡放样程序

4）应用软件开发

标准 Win CE 系统平台，二次开发更容易。可针对不同行业的需求，开发专业的应用软件。

5）数据存储

配备 CF 数据存储卡系统，可扩充海量数据存储。

6）USB 接口

配备方便、高速、通用的 USB 数据传输接口。

1.1.2 苏光 OTS 系列全站仪

苏光 OTS 系列全站仪引进日本原装测距头，采用相位法激光测距，是专门为工程项目用户而设计的，特别适合各种施工领域，如建筑物三维坐标测定、建筑基桩位置测定、悬高测量、铅垂度测定、管线定位、断面测量等。也适用于三角控制测量、地籍测量及地形测量和房产测量。

其主要特点是：

（1）可视激光，方便照准目标，测程更远，使观测员尽可能获得最佳生产效能。

（2）近距离免棱镜测距，使观测员能测到无法放置协作目标的地方。

（3）中距离使用反光片，使观测降低使用成本，并可利用反光片长时间进行控制测量。

（4）中文/英文界面操作，使得观测员能按菜单进行操作。

（5）可选用激光对点器，对中效率更高。

（6）测距稳定、可靠，速度快。

（7）具有抗电磁干扰能力。

（8）采用电子式补偿器。

（9）安装有常用测量应用程序。

（10）数据内存大。

与全站仪配套使用的主要测量器材是反射棱镜。棱镜的作用是将全站仪发射的电磁波反射回全站仪，由全站仪的接收装置接收，全站仪的计时器可记录电磁波从发射到接收的时间差，从而可求得全站仪与棱镜之间的距离。棱镜分单棱镜、三棱镜、九棱镜等几种形式，常用的主要是单棱镜和三棱镜两种，如图 6.1.2 所示。单棱镜主要用于测短距离，三棱镜主要用于测长距离。

三棱镜　　　　　　　　　单棱镜　　　　　　　　　棱镜箱

图 6.1.2　全站仪棱镜

1.2 全站仪的基本功能

全站仪的基本功能是测量水平角、垂直角和倾斜距离。

将全站仪安置于测站，开机时，仪器先进行自检，观测员完成仪器的初始化设置后，全站仪一般先进入测量基本模式或上次关机时的保留模式。在基本测量模式下，可适时显示出水平角和垂直角。照准棱镜，按距离测量键，数秒钟后，完成距离测量，并根据需要显示出水平距离或高差或斜距。除了基本功能外，全站仪还具有自动进行温度、气压、地球曲率等改正功能。部分全站仪还具有下列特殊功能。

1.2.1 红色激光指示功能

（1）提示测量：当持棱镜者看到红色激光发射时，就表示全站仪正在进行测量，当红色激光关闭时，就表示测量已经结束，如此可以省去打手势或者使用对讲机通知持棱镜者移站，提高作业效率。

（2）激光指示持棱镜者移动方向，提高施工放样效率。

（3）对天顶或者高角度的目标进行观测时，不需要配弯管目镜，激光指向哪里就意味着十字丝照准到哪里，方便瞄准，如此在隧道测量时配合免棱镜测量功能将非常方便。

（4）新型激光指向系统，任何状态下都可以快速打开或关闭。

1.2.2 免棱镜测量功能

（1）危险目标物测量：对于难以达到或者危险目标点，可以使用免棱镜测距功能获取数据。

（2）结构物目标测量：在不便放置棱镜或者贴片的地方，使用免棱镜测量功能获取数据，如钢架结构的定位等。

（3）碎部点测量：在碎部点测量中，如房角等的测量，使用免棱镜功能，效率高且非常方便。

（4）隧道测量中由于要快速测量，放置棱镜很不方便，使用免棱镜测量就变得非常容易及方便。

（5）变形监测：可以配合专用的变形监测软件，对建筑物和隧道进行变形监测。

1.3 全站仪测量

用全站仪进行控制测量（图 6.1.3），其基本原理与经纬仪进行控制测量相似，所不同的是全站仪能在一个测站上同时完成测角

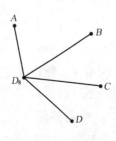

图 6.1.3 全站仪观测

195

和测距工作。由于全站仪一般都有自动记录测量数据的功能,因此,外业测量数据不必用表格记录,为便于查阅和认识全站仪的测量过程,也可用表格记录。

1.3.1 一个测站上全站仪测量过程

(1) 安置全站仪于 D_8 点,成正镜位置,将水平度盘置零。

(2) 选择一个较远目标为起始方向,按顺时针方向依次瞄准各棱镜 A、B、C、D,并测量水平角、水平距离,最后回到 A 点,完成上半测回测量。

(3) 在各观测目标点安置棱镜,并对准测站方向。

(4) 倒转望远镜成倒镜位置,按逆时针方向依次瞄准各棱镜 A、D、C、B,并测量水平角、水平距离,最后回到 A 点,完成下半测回测量。

(5) 观测成果计算。

① 首先检查同一方向上的角值和测距值。

② 按全圆观测法计算水平角各测回平均值。

③ 计算上下半测回距离平均值及各测回平均距离值。

1.3.2 全站仪的测量功能

全站仪除了具有同时测距、测角的基本功能外,还具有三维坐标测量、后方交会测量、对边测量、悬高测量、偏心测量和施工放样测量等高级功能。

1) 三维坐标测量

将测站 A 坐标、仪器高和棱镜高输入全站仪中,后视 B 点并输入其坐标或后视方位角,完成全站仪测站定向后,瞄准 P 点处的棱镜,经过观测觇牌精确定位,按测量键,仪器可显示 P 点的三维坐标。

2) 后方交会测量

将全站仪安置于待测点上,观测两个或两个以上已知的角度和距离,并分别输入各已知点的三维坐标和仪器高、棱镜高后,全站仪即可计算出测站点的三维坐标。由于全站仪后方交会既测角度,又测距离,多余观测数多,测量精度也就较高,也不存在位置上的特别限制,因此,全站仪后方交会测量也可称作自由设站测量。

3) 对边测量

在任意测站位置,分别瞄准两个目标并观测其角度和距离,选择对边测量模式,即可计算出两个目标点间的平距、斜距和高差,还可根据需要计算出两个点间的坡度和方位角。

4) 悬高测量

要测量不能设置棱镜的目标高度,可在目标的正下方或正上方安置棱镜,并输入棱镜高。瞄准棱镜并测量,再仰视或俯视瞄准被测目标,即可显示被测目标的高度。

5) 偏心测量

若测点不能安置棱镜或全站仪不能直接观测到测点,可将棱镜安置在测点附近通视良好、便于安置棱镜的地方,并构成等腰三角形。瞄准偏心点处的棱镜并观测,再旋转全站仪瞄准原先测点,全站仪即可显示出所测点位置。

6）坐标放样测量

安置全站仪于测站,将测站点、后视点和放样点的坐标输入全站仪中,置全站仪于放样模式下,经过计算可将放样数据(距离和角度)显示在液晶屏上,照准棱镜后开始测量。此时,可将实测距离与设计距离的差、实测量角度与设计角度的差、棱镜当前位置与放样位置的坐标差显示出来,观测员依据这些差值指挥司尺员移动方向和距离,直到所有差值为零,此时棱镜位置就是放样点位。

思考与讨论

1. 简要说明全站仪的构造。
2. 简述 GTS720 系列全站仪的特点。
3. 简述苏光 OTS 系列全站仪的特点。
4. 全站仪的常见测量功能有哪些?

任务 2　全球导航卫星系统（GNSS）

学习目标

- 了解全球导航卫星系统(GNSS)的相关知识;
- 熟知 GPS 系统构成、用户接收机类型基本知识;
- 熟知 GPS 定位原理与定位方法分类基本知识;
- 熟知 S82 测量系统构成、电台工作模式下基准站、流动站设置及架设的相关知识;
- 了解北斗卫星导航系统的相关知识;
- 具备 S82 测量系统电台工作模式下基准站、流动站设置技能;
- 具备运用 S82 测量系统实施测量和放样的技能;
- 通过对 S82 测量系统使用,具备运用其他 RTK 测量系统实施测量和放样的技能。

教学内容

本任务重点介绍了四大全球导航卫星系统(GNSS)中的全球定位系统(GPS)。GPS 主要由空间星座部分、地面监控部分和用户设备部分组成。GPS 用户接收机根据不同的分类依据有多种类型,其中测绘工程多采用测地型接收机。GPS 定位方法有多种,重点介绍 GPS 载波相位实时动态差分技术(RTK)。

在 GPS 测量的实施部分,以南方测绘 RTK S82 测量系统为例,介绍了 S82 测量系统构成。RTK 电台作业模式下,配合南方 S730 数据采集手簿和工程之星软件,介绍基准站、流动站的架设、设置,重点介绍在工程实践中的测量和放样。简要介绍北斗卫星导航系统的构成和应用。

具有全球导航定位能力的卫星定位导航系统称为全球导航卫星系统,英文全称为 Global Navigation Satellite System,简称为 GNSS。目前,GNSS 包含了美国的全球卫星定位系统 Global Positioning System(GPS)、俄罗斯的格洛纳斯系统 Global Navigation Satellite System (GLONASS)、中国的北斗卫星导航系统 BeiDou Navigation Satellite System(COMPASS)、欧盟的伽利略定位系统 Galileo Positioning System(Galileo)等系统,其中最成熟的是美国的全球卫星定位系统(GPS)。

2.1　全球定位系统(GPS)介绍

Global Positioning System 简称 GPS,中文译为全球定位系统,是美国从 20 世纪 70 年代开始研制,历时 20 年,耗资 200 亿美元,于 1994 年全面建成,具有在海、陆、空进行全方位实时三维导航与定位能力的新一代卫星导航与定位系统。该系统可以提供准确的定位、测速和高精度的时间标准服务,并以全天候、高精度、自动化、高效益等显著特点,赢得广大测绘工作者的信赖,成功地应用于大地测量、工程测量、航空摄影测量、运载工具导航和管制、地壳运动监测、工程变形监测、资源勘察和地球动力学等多种学科领域。

2.2　全球定位系统(GPS)的构造

GPS 主要由空间星座部分、地面监控部分和用户设备部分组成。

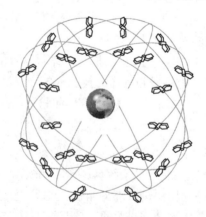

图 6.2.1　卫星分布图

2.2.1 空间星座部分

GPS 卫星星座由 24 颗卫星组成，其中 21 颗为工作卫星，3 颗为备用卫星。24 颗卫星均匀分布在 6 个轨道平面上，即每个轨道面上有 4 颗卫星，如图 6.2.1 所示。卫星轨道面相对于地球赤道面的轨道倾角为 55°，各轨道平面的升交点的赤经相差 60°，一个轨道平面上的卫星比西边相邻轨道平面上的相应卫星升交角距超前 30°。轨道平均高度约 20 200 km，运行周期 11 h 58 min。因此，同一测站上每天出现卫星分布图形相同，只是每天提前约 4 分钟。每颗卫星每天约有 5 h 在地平线以上，同时位于地平线以上的卫星数目随时间地点而异，最少 4 颗，最多达 11 颗。

2.2.2 地面控制部分

地面监控系统包括一个主控站、三个注入站和五个监测站。主控站位于美国科罗拉多州的谢里佛尔空军基地，是整个地面监控系统的管理中心和技术中心。它的作用是根据各监控站 GPS 的观测数据，计算出卫星的星历和卫星钟的改正参数等，并将这些数据通过注入站注入到卫星中去。同时，它还对卫星进行控制，向卫星发布指令，当工作卫星出现故障时调度备用卫星替代失效的工作卫星工作，主控站也具有监控站的功能。三个注入站分别位于阿松森群岛、狄哥伽西亚和卡瓦加兰，其作用是将主控站计算出的卫星星历和卫星钟的改正数等注入到卫星中去。监控站有五个，除了主控站外其他四个分别位于夏威夷、阿松森群岛、狄哥伽西亚和卡瓦加兰，监控站的作用是接收卫星信号，监测卫星的工作状态，传送到主控站，如图 6.2.2 所示。

图 6.2.2 地面监控

2.2.3 用户设备部分

用户设备部分主要包括 GPS 接收机及其天线、微处理机及其终端设备和电源等。接收机和天线是核心部分，习惯上统称为 GPS 接收机，其主要功能是能够捕获到按一定卫星截止角所选择的待测卫星，并跟踪这些卫星的运行。当接收机捕获到跟踪的卫星信号后，就可测量出接收天线至卫星的伪距离和距离的变化率,解调出卫星轨道参数等数据。根据这些数据,接收机中的微处理计算机就可按定位解算方法进行定位计算,计算出用户所在地理位置的经纬度、高度、速度、时间等信息。

GPS 接收机按用途可分为导航型接收机、测地型接收机和授时型接收机三种;按载波频率可分为单频(用一个载波频率 L1)接收机和双频(用两个载波频率 L1、L2)接收机两种;按通道数可分为多通道接收机、序贯通道接收机和多路多用通道接收机;按工作原理可分为码相关型接收机、平方型接收机、混合型接收机和干涉型接收机四种。

测地型接收机主要用于精密大地测量和精密工程测量。此类仪器主要采用载波相位观测值进行相对定位,定位精度高。根据使用用途和精度,又分为静态(单频)接收机和动态(双频)接收机即 RTK。目前,在 GPS 技术开发和实际应用方面,国际上较为知名的生产厂商有美国 Trimble(天宝)导航公司、瑞士 Leica Geosystems(徕卡测量系统)、日本 TOPCON(拓普康)公司,国内厂家主要有南方测绘、中海达和华测等。

2.3 GPS 的定位基本原理

GPS 的定位基本原理是以高速运动的卫星瞬间位置作为已知的起算数据,采用空间距离后方交会的方法来确定地面点的三维坐标。

利用 GPS 定位的方法有多种,按用户接收机作业时的运动状态可分为静态定位和动态定位。静态定位是在定位过程中,接收机位置静止不动,是固定的;动态定位是在定位过程中,接收机天线处于运动状态。按所选参考点可分为绝对定位和相对定位。绝对定位是利用一台接收机来测定观测点在协议地球坐标系中的位置,也叫单点定位;相对定位是利用两台及以上接收机测定观测点至某一地面参考点(已知点)之间的相对位置,也即是测定未知点至参考点的坐标增量。按测距的原理可分为测码伪距法、测相伪距法和差分法。测码伪距法是通过测量 GPS 卫星发射的测距码信号到达用户接收机的传播时间,从而计算出接收机至卫星的距离;测相伪距法是通过测量 GPS 卫星发射的载波信号从 GPS 卫星发射到 GPS 接收机的传播路程上的相位变化,从而确定传播距离;差分法是利用已知精确三维坐标的差分 GPS 基准站,求得伪距修正量或位置修正量,并将这个修正量实时或事后发送给用户,对用户的测量数据进行修正,以提高 GPS 定位精度。

测量工程实践中,多采用差分法定位。差分法定位根据时效性可分为实时差分和事后差分;根据观测值类型可分为伪距差分和载波相位差分;根据差分改正数可分为位置差分(坐标差分)和距离差分;根据工作原理和差分模型可分为局域差分(包括单基准站差分和多基准站差分)和广域差分。本节重点介绍载波相位实时动态差分技术。

GPS 载波相位实时动态差分技术,是以载波相位观测量为根据的实时差分 GPS 测量技术,英文为 GPS Real Time Kinematic,简称 GPS RTK。RTK 测量系统是 GPS 测量技术与数据传输技术相结合而构成的组合系统,主要由硬件和软件构成,硬件包括用户接收机、电台、电台天线、手簿和电源系统等,软件包括控制采集手簿软件和后处理软件等。在 RTK 作业模式下,基准站将其数据通过电台或网路传给移动站后,移动站进行差分解算,便能够实时地提供测站点在指定坐标系中的坐标。

2.4　GPS 测量的实施

RTK 测量作业模式,根据差分信号传播方式的不同,可分为电台模式和网络模式两种。现以南方测绘 S82 测量系统为例,介绍 RTK 电台作业模式。

2.4.1　南方 S82 测量系统构成

S82 测量系统主要由主机、手簿、电台、配件四大部分构成,如图 6.2.3 所示。应用 RTK 进行测量,至少要有两套 GPS 接收设备,一套用于基准站,另一套用于流动站。S82 测量系统配置的手簿为 S730,如图 6.2.4 所示。S730 数据采集手簿是一款在商业和轻工业方面用于实时数据计算的掌上电脑,拥有全数字全字母键盘,配备高分辨率 3.5 英寸液晶触屏,采用微软 Windows CE 6.0 操作系统,并装有南方公司开发的 GPS RTK 控制采集软件工程之星 RTK 测绘软件,其操作界面如图 6.2.5 所示。该软件是根据国内测绘行业的野外生产习惯,为大地测量、工程测量和工程建设而设计开发的,具有强大的野外数据采集功能。

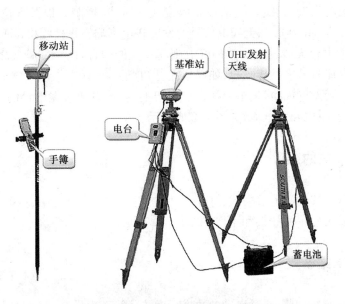

图 6.2.3　S82 测量系统构成

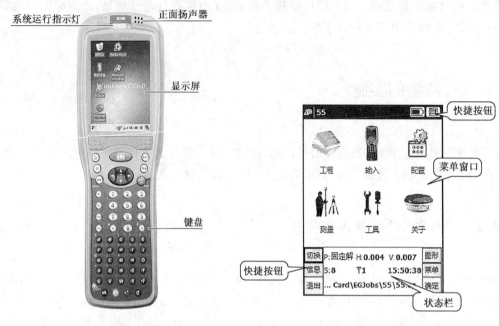

图 6.2.4　S730 手簿　　　　　　图 6.2.5　工程之星主界面

2.4.2　基准站的架设

架设基准站时,一定要选择视野比较开阔,周围环境比较空旷,且地势较高的地方。应避免在高压输变电设备附近、无线电通信设备收发天线旁边、树荫下以及水边等地方架设基准站,以避免对 GPS 信号的接收和无线电信号的发射产生影响。将接收机设置为基准站外置模式,架好三脚架,放电台天线的三脚架最好放到高一些的位置,两个三脚架之间保持至少 3 m 的距离。固定好基座和基准站接收机(如果架在已知点上,要做严格的对中整平),打开基准站接收机。安装好电台发射天线,把电台挂在三脚架上,将蓄电池放在电台的下方,并用多用途电缆线连接好电台、主机和蓄电池,如图 6.2.6 所示。

2.4.3　移动站的架设

将接收机设置为移动站电台模式,打开移动站主机,并将其固定在碳纤对中杆上面,拧上 UHF 差分天线,安装好手簿托架和手簿,如图 6.2.7 所示。

2.4.4　基准站设置

第一次启动基准站时,需要对启动参数进行设置。第一次设置之后,如果以后的参数和上一次一样无需再次设置。使用手簿上的工程之星连接主机,设置主机为基准站模式。点击配

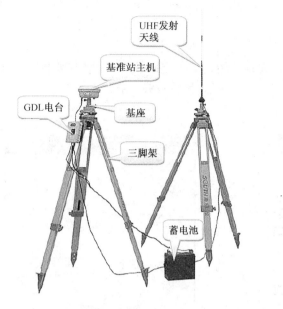

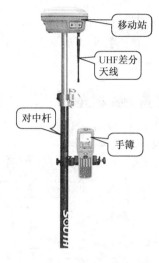

图 6.2.6 基准站的架设　　　　　　　图 6.2.7 移动站的架设

置→仪器设置→基准站设置，打开基准站设置界面，如图 6.2.8 所示。设置基准站参数，一般的基站参数设置只需设置差分格式就可以了，其他使用默认参数。设置完成后点击右边的 📷，基站就设置完成了。一般来说基站都是任意架设的，发射坐标是不需要自己输的。保存好设置参数后，点击启动基站。

电台通道设置，在外挂电台的面板上可以对电台通道进行设置。南方 S82 测量系统配置的电台为 GDL20，如图 6.2.9 所示。

GDL20 电台有 8 个通道可供选择。当作业距离不够远、干扰低时，可选择低功率发射。电台成功发射时，TX 指示灯会按发射间隔闪烁。

图 6.2.8 基准站设置

图 6.2.9 GDL20 电台

2.4.5 移动站设置

移动站架设好后需要对移动站进行设置才能达到固定解状态,使用手簿上的工程之星连接主机,将主机设置为移动站模式,单击配置→仪器设置→移动站设置,打开移动站设置界面,如图6.2.10所示。

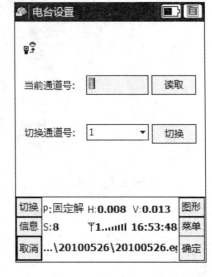

图 6.2.10　移动站设置界面　　　　图 6.2.11　移动站电台设置界面

对移动站参数进行设置,一般只需要设置差分数据格式的设置,选择与基准站一致的差分数据格式即可,单击确定后回到主界面。并对移动站进行电台通道设置,将电台通道切换为与基准站电台一致的通道号。单击配置→仪器设置→电台通道设置,打开电台设置界面,如图6.2.11所示。设置完毕,移动站达到固定解后,即可在手簿上看到高精度的坐标,可进行后续工作。

2.4.6 测量和放样

单击工程之星主界面中的测量菜单项,打开测量界面,如图6.2.12所示。共包括6个子菜单,分别是点测量、自动测量、控制点测量、点放样、直线放样和道路放样,涉及测量和放样两方面的内容。

单击点测量,打开点测量界面,如图6.2.13所示。

按A键存储当前点坐标,继续存点时,点名将自动累加。在测量点时软件会把采点的详细信息记录在DAT文件和RTK文件中,DAT文件里记录的是平面坐标,RTK文件中记录的是原始的WGS-84经纬度坐标。将DAT文件拷贝进电脑,利用专业软件就可进行地形图绘制。

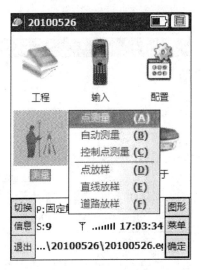

图 6.2.12　测量界面

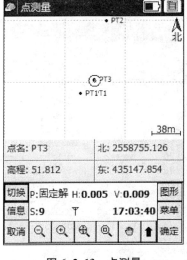

图 6.2.13　点测量

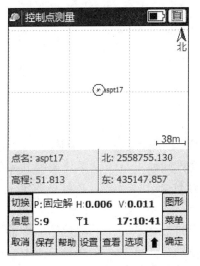

图 6.2.14　控制点测量

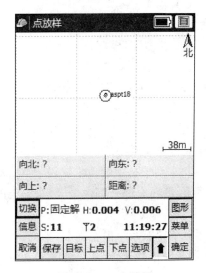

图 6.2.15　点放样

　　单击控制点测量，打开控制点测量界面，如图 6.2.14 所示。目前 RTK 技术可应用于一、二级导线，图根导线测量和图根高程测量。

　　单击点放样，打开点放样界面，如图 6.2.15 所示。

　　单击目标按钮，打开放样点坐标库，如图 6.2.16 所示。在放样点坐标库中，单击文件按钮导入需要放样的点坐标文件并选择放样点（如果坐标管理库中没有显示出坐标，单击过滤按钮看是否需要的点类型没有勾选上）或单击增加按钮直接输入放样点坐标，确定后进入放样指示界面，如图 6.2.17 所示。

　　放样界面显示了当前点与放样点之间的距离为 1.857 m，向北 1.773 m，向东 0.551 m，根据提示进行移动放样。在放样与当前点相连的点时，可以不用进入放样点库，单击上点或下点按钮根据提示选择即可。在放样界面下还可以同时进行测量，按下保存键 A 按钮即可以存储当前点坐标。

图 6.2.16　放样点坐标库

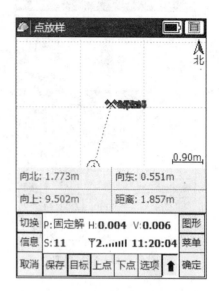

图 6.2.17　点放样指示界面

2.5　北斗卫星导航系统介绍

北斗卫星导航系统简称北斗系统,英文名称为BeiDou Navigation Satellite System,缩写为BDS。北斗系统是中国自主建设、独立运行,与世界其他卫星导航系统兼容共用的全球卫星导航系统,可在全球范围内全天候、全天时为各类用户提供高精度、高可靠的定位、导航、授时服务。

北斗卫星导航系统由空间端、地面端和用户端三部分组成。空间端包括 5 颗静止轨道卫星和 30 颗非静止轨道卫星。地球静止轨道卫星分别位于东经 58.75°、80°、110.5°、140° 和 160°。非静止轨道卫星由 27 颗中圆轨道卫星和 3 颗倾斜同步轨道卫星组成。地面端包括主控站、注入站和监测站等若干个地面站。用户端由北斗用户终端以及与美国 GPS、俄罗斯格洛纳斯(GLONASS)、欧洲伽利略(Galileo)等其他卫星导航系统兼容的终端组成。

从 2007 年 4 月 14 日 4 时 11 分,我国在西昌卫星发射中心用长征三号甲运载火箭,成功地将首颗北斗导航卫星送入太空,至 2012 年 10 月 25 日 23 时 33 分,我国已成功地将 16 颗北斗导航卫星送入预定轨道。计划到 2020 年,建成由 5 颗地球静止轨道和 30 颗地球非静止轨道卫星组网而成的全球卫星导航系统。

2012 年 12 月 27 日起,北斗系统在继续保留有源定位、双向授时和短报文通信服务基础上,向亚太大部分地区正式提供连续无源定位、导航、授时等服务;民用服务与 GPS 一样免费。

2013 年 12 月 27 日,北斗卫星导航系统正式提供区域服务一周年新闻发布会在国务院新闻办公室新闻发布厅召开,正式发布了《北斗系统公开服务性能规范(1.0 版)》和《北斗系统空间信号接口控制文件(2.0 版)》两个系统文件。

北斗卫星导航系统致力于向全球用户提供高质量的定位、导航和授时服务,包括开放服务和授权服务两种方式。开放服务是向全球免费提供定位、测速和授时服务,定位精度 10 m,测速精度 0.2 m/s,授时精度 10 ns。授权服务是为有高精度、高可靠卫星导航需求的用户,提供定位、测速、授时和通信服务以及系统完好性信息。

思考与讨论

1. 全球有哪四大卫星导航系统?
2. 全球定位系统(GPS)主要由哪几部分构成?
3. 用户接收机有哪几种类型?
4. GPS 定位原理是什么? 定位方法有哪些?
5. 何为载波相位实时动态差分技术?
6. 南方 RTK S82 测量系统由哪几部分构成?
7. 在电台作业模式下,如何设置 S82 测量系统的基准站和流动站?
8. 如何运用 S82 测量系统进行测量和放样?
9. 简述北斗卫星导航系统。

参 考 文 献

［1］武汉测绘科技大学《测量学》编写组.测量学(第三版).北京:测绘出版社,1991

［2］李兴顺,马金伟.建筑工程测量.武汉:武汉理工大学出版社,2012

［3］李生平.建筑工程测量.北京:高等教育出版社,2002

［4］张豪.建筑工程测量.北京:中国建筑工业出版社,2012

［5］郝亚东.建筑工程测量.北京:北京邮电大学出版社,2012

［6］聂俊兵,赵得思.建筑工程测量.郑州:黄河水利出版社,2010

［7］SOUTH 卫星导航.《工程之星 3.0》用户手册.广州:南方测绘仪器有限公司,2010

［8］SOUTH 卫星导航.《S82—2013RTK 测量系统》使用手册.广州:南方测绘仪器有限公司,2013

［9］黄炳龄,张圣华,赵福先.建筑工程测量.南京:南京大学出版社,2011